云南新平

食用野生蔬菜图鉴

陈祯　李树荣◎编著

中国农业出版社
北　京

图书在版编目（CIP）数据

云南新平食用野生蔬菜图鉴 / 陈祯，李树荣编著. 北京：中国农业出版社，2024.9.——ISBN 978-7-109-32541-8

I. S647-64

中国国家版本馆CIP数据核字第2024T805S5号

云南新平食用野生蔬菜图鉴
YUNNAN XINPING SHIYONG YESHENG SHUCAI TUJIAN

中国农业出版社出版

地址：北京市朝阳区麦子店街 18 号楼
邮编：100125
责任编辑：郑　君
责任校对：张雯婷
印刷：通州皇家印刷厂
版次：2024 年 9 月第 1 版
印次：2024 年 9 月北京第 1 次印刷
发行：新华书店北京发行所
开本：700mm × 1000mm 1/16
印张：12.5
字数：175 千字
定价：78.00元

《云南新平食用野生蔬菜图鉴》

编委会

主　　编：陈　祯　李树荣

副 主 编：娄灯吉　郭凯飞　张知晓　胡子萍

参编人员：（按姓氏笔画排序）

李　琛　陈珏伊　吴建勇　张俊俊　罗　皓

赵　静　段志云　普顺学　谭松涛

图片提供：李树荣　吴建勇

前言

新平县位于云南省中部偏西南，地处东经101°16′30″—102°16′50″，北纬23°38′15″—24°26′05″，国土面积4 233km^2，林业用地面积339 174hm^2，森林覆盖率64.6%。元江干流沿哀牢山山脉走向穿流全境，将全县分割成两大地域，形成两山对峙、一水中分的地形特点。县民习惯上将元江以东部分称为江东片，以西部分称为江西片。江东片降水偏少，江西片降水较多，植被不尽相同。

境内最高海拔3 165.9m，最低海拔422.0m，相对高差2 743.9m，立体气候十分明显。全县共分为6个气候带，即北热带、南亚热带、中亚热带、北亚热带、暖温带及温带。由于各气候带的气温、降水不同，各带的自然植被也不尽相同，具有暖性常绿针叶林、温性针阔混交林、落叶阔叶林、亚热带常绿阔叶林、干热性稀树灌木草丛五种生态系统，形成自然生态的多样性和植物的多样性。同样，复杂多样的气候类型，丰富的光、热、水、土资源，优越的生态条件，孕育了极其丰富的野生蔬菜资源。

野生蔬菜具有绿色生态、营养丰富、风味独特、药食两用等特点，长期以来一直是人类重要的食物来源之一，因时代不同，生活水平不同，对其需求目的亦不同。在原始社会，人类处于采集时代，野生蔬菜是人们采集的主要食物来源；在生产力较低的封建社会，战争年代和自然灾害严重的岁月，野生蔬菜是人们果腹的重要食物来源；在农业丰收、太平盛世则是人们喜食追捧的养生食材或佳肴美味。

千百年来，生活在新平大地，以彝族、傣族为主体的先民，在长期对药食资源的利用实践中，总结出许多行之有效的食疗保健经验，并代代相传至今。新平傣族流传这样的俗谚："是绿就是菜。"这里的"菜"就是指野生蔬菜。他们食用野生蔬菜历史悠久，形成了独具民族特色的食疗习俗和饮食文化。

新平县境内目前已知可食用的野生植物有200余种，隶属80科176

属，容易采集、经常食用的野菜约115种，按食用器官及部位可分为茎类、叶类、花类、根类、果类、蕨类、地衣类及藻类等几大类，其中，茎叶类食用最普遍，花果类次之。

随着人口的快速增长、人类对自然资源的过度开发，以及种植业结构调整，原生植被迅速缩减且受到不同程度的破坏，很多野生植物资源在逐渐减少或消失。外来蔬菜品种的引入和大规模单一化的种植模式正在改变当地居民的传统饮食结构，食用野生蔬菜已不再普遍和常见。再者，野生蔬菜传统利用知识由少数人掌握，而且这部分人大都是老人，知识传承面临危机。如果不采取有效措施加以保护，多年以后，劳动人民在长期实践中积累的宝贵的野菜利用知识就可能消亡。

保护、传承民族传统饮食文化，可加快旅游业的发展，满足外地游客"吃鲜尝野"的需求，打造野菜品牌，将野生蔬菜的采集、加工、食用、仿生栽培商业化。有了商业前景，才会吸引年轻人进入这个行业，潜心研究技艺，民族、民间传统饮食文化才有望生生不息地传承。近些年，新平的餐饮服务行业，通过"山茅野菜"这个招牌，吸引了不少外地游客，也加快了野生蔬菜仿生栽培的发展。目前，有一定规模的是长蕊甜菜树、南山藤、刺苞菜、刺五加、鱼腥草、羽叶金合欢、树头菜等，同时，受人喜爱的荨麻、小红菜、长花厚壳树也开始有人种植。

通过近五年的跋涉和努力，《云南新平食用野生蔬菜图鉴》就要问世了。全书分9章，共挖掘整理新平傣族食用野生蔬菜128种，记述了每种野生蔬菜的别名、原植物、食用部位、食用方法、食疗作用、县域分布、采集时间、资源特点及食用评述。本书的出版，可为今后开展药食两用植物的研究及开发利用提供基础资料，同时还可增进读者对传统饮食文化的了解。在这里，要对卢瑞兰（女）、吴建勇、卢正清、陶凤英（女）、李有明（拉祜）、白智敏（傣）、普超云（彝）、田绍周（傣）、卢家富（彝）、祝正文（彝）、杨学元（彝）、陶健（傣）、龙富荣（彝）、白绍忠（傣）、白秀美（傣、女）提供的各种帮助表示衷心的感谢！限于编著者的学术水平，书中资料难免有误，敬请读者指正。

编著者

2023年12月

目 录

Contents

03 花类蔬菜

01

笋类蔬菜

甜龙竹

别　　名：甜竹、糯万（傣）、俄豉（彝）

原 植 物：禾本科竹亚科植物勃氏甜龙竹 *Dendrocalamus brandisii*

植物特征：竿高 10 ～ 15m，直径 10 ～ 12cm，梢端下垂及长下垂，在高 2m 以下各节环有气生根；节间长 34 ～ 43cm，幼时被以纵行排列的白色茸毛，节内和节下方均有一圈灰白色至棕色茸毛环。箨鞘早落，背面具白色短柔毛；箨耳小；箨片外翻或近于直立。主枝 1，甚发达，有时可无主枝，其余枝条纤细，能向外翻而包围竿节四周；叶鞘外面贴生白色小刺毛。

食用部位：笋。

食用方法：鲜笋采回后，剥掉笋壳，削去基部表皮，清洗后切丝素炒、荤炒或煮汤，也可切成砣与土鸡或猪排一起炖煮。

食疗作用：消渴利尿、清肺化痰。

县域分布：主要种植于海拔 1 600m 以下农地及沟谷。

采集时间：7—9 月。

资源特点：人工大规模种植，资源量大，全县共 1 115hm^2。

食用评述：口感好，脆嫩甘甜，但保鲜困难，宜现采现加工食用。甜笋煮土鸡，鸡肉的鲜味融入汤中，可让人品尝到大自然的鲜甜，是新平县地方名菜。患风湿病的人不宜食用或少食用。

参考资料：云南林业科学院．西南林业大学编著《云南竹类图志》[M]. 昆明：云南人民出版社,2019.6.220.

苦龙竹

别　　名：苦竹、糯空（傣）、俄夸（彝）

原 植 物：禾本科竹亚科植物龙竹 *Dendrocalamus giganteus*

植物特征：竿直立，梢下垂或长下垂；节处不隆起，幼时在外表被有白蜡粉；分枝习性高，每节多分枝，主枝常不发达。秆箨早落；箨鞘大型，厚革质，鲜时带紫色，全缘，背面贴生暗褐色刺毛；箨耳与下延之箨叶基部相连，多少有些外翻，以后易脱落；箨舌显著，边缘有短齿状裂刻；箨叶外翻，卵状披针形。

食用部位：笋。

食用方法：（1）加工金丝笋：将初加工后的笋煮到内外变黄后切丝，晒干即可。

（2）酸笋腌菜：将初加工后的笋煮到内外变黄后切片，压干水分拌盐、辣子面（鲜红辣椒剁碎也可）、花椒面入罐腌制。

（3）泡酸笋：将初加工后的笋切丝后放入清水中浸泡 2 ～ 3 天，稍有酸味后，连浸泡过的水一起放入罐中保存，可保存一年多。可素炒或炒肉。

（4）煮汤：将初加工后的笋切丝后放入清水中，加少许食盐淘洗，10 分钟后捞起放入冷水中煮熟起锅，蘸小米辣、蒜、姜、薄荷等配制的蘸水食用，口味更佳。

食疗作用：消渴利尿、清肺化痰。

县域分布：主要种植于海拔 1 600m 以下农地及沟谷。

采集时间：7—9 月。

资源特点：人工大规模种植，资源量大，全县共 18 325hm²。

食用评述：食用上千年，无毒副作用。苦笋煮汤这道菜是老厂乡竹区群众的拿手菜，相比甜笋煮汤更脆嫩、可口。患风湿病的人不宜食用或少食用。

参考资料：江泽彗主编 . 中国竹类植物图鉴 [M]. 北京：科学出版社 .2020.10.66.

刺　竹

别　　名：糯枪（傣）、俄窄（彝）

原 植 物：禾本科竹亚科植物南宁方竹 *Chimonobambusa ningnanica*

植物特征：竿高 10m，径约 2.5cm；竿壁较薄，3 ~ 4mm；节间呈四方形或有时近圆形，长约 20cm，初被伏贴刺毛，后脱落留有印痕和疣基；竿环较平或于分枝节上隆起；箨环上有箨鞘残留物，并有一圈紫褐色茸毛，中部以下各节均具有发达的刺状气生根，刺下弯，竿箨早落，厚纸质，短于节间；箨鞘背面被淡黄褐色小刺毛，纵脉明显，两缘具黄褐色纤毛；箨耳缺；箨舌甚明显；箨片由箨鞘顶端向上收缩而成，三角状钻形。

食用部位： 笋。

食用方法： （1）剥除箨鞘后煮到内外颜色一致，用淡盐水浸泡可短期保存，煮汤或炒食。

（2）将采回的鲜笋用子母灰焐熟，剥去箨片洗净，蘸蘸水吃或用炒香的花生米或核桃仁、青辣椒、生姜一起冲食。

食疗作用： 消渴利尿、清肺化痰。

县域分布： 野生分布于海拔 1 800 ~ 2 000m 江西片哀牢山二荒地内。

采集时间： 9—10 月。

资源特点： 星状小片分布。

食用评述： 食用上千年，无毒副作用。患风湿病的人不宜食用或少食用。

参考资料： 西南林学院、云南省林业厅编著．云南树木志（下）[M].昆明：云南科技出版社,1991.6.1476-1480.

野 竹

别　　名： 野龙竹、糯腾（傣）、俄瓜（彝）

原 植 物： 禾本科竹亚科植物野龙竹 *Dendrocalamus semiscandens*

植物特征： 竿直立，有时梢端下垂作攀援状而斜倚，幼时密被银白色茸毛；箨鞘早落性，背部被棕褐色小刺毛，先端圆拱形，箨耳无。箨片直立，基部与箨鞘口部近同宽，背面纵脉与箨鞘的肋纹相连通。竿每节多分枝，主枝 1（或有时无），可发达至与竿近同粗，而使竿呈半攀援状。

食用部位： 笋。

食用方法： 剥掉箨鞘后，再削去基部外皮，用水煮到整个笋由外到内变黄，冷却压干水分后切成片（砣），用盐、花椒面、辣椒面(或剁碎的鲜红辣椒）抖匀罐中腌制。一般 10 天左右可以开罐食用，若腌制得好，在罐中可贮存一年以上。

食疗作用： 消渴利尿、清肺化痰。

县域分布： 野生分布于海拔 1 000 ～ 1 300m 常绿阔叶林沟谷、山坡。

采集时间： 9—10 月。

资源特点： 星状小片分布，由于长期打笋食用，没有成竹出现，有少量人工种植。

食用评述：野龙竹笋腌菜与其他竹笋腌菜相比，其风味更脆嫩。是不可多得的山珍，但患风湿病的人不宜食用或少食用。

参考资料：云南林业科学院、西南林业大学编著．云南竹类图志[M]. 昆明：云南人民出版社,2019.6.253.253.

白　竹

别　　名：糯蒿（傣）、俄突（彝）

原 植 物：禾本科竹亚科植物粗穗龙竹 *Dendrocalamus pachystachyus*

植物特征：竿高达 12m，粗达 10cm，梢头稍弯曲或略下垂，节间长 39 ~ 47cm，幼时被厚层白粉，主枝 1，常发达，枝下高 2 ~ 3m。竿箨早落，革质至厚革质。笋期略具早落疏刺毛，后无毛。箨舌高 3mm，有齿，箨片外翻。叶片长可达 40cm，宽 12cm，下面有绒状短毛。花枝被锈色茸毛，每节具 1 至多枝小穗，下方托以黄褐色小苞片，小穗长卵形，密被银白色微毛，带紫色。外稃革质，内稃与外稃等长或略长。花药黄色，柱头单一。

食（使）用部位：笋、叶片。

食用方法：笋可食用；鲜叶用沸水杀青后，可作为包裹粽子或其他食物的材料。

食疗作用： 消渴利尿、清肺化痰。

县域分布： 人工栽培生于海拔 1 600m 以下沟谷、村旁。

采集时间： 叶全年；笋 7—9 月。

资源特点： 使用量不大，不作规模栽培。

食用评述： 笋味道鲜美，因数量少而不常食用；叶包裹粽子，有数千年使用历史，食用安全可靠；竿多用于制作水烟筒。

参考资料： 西南林学院、云南省林业厅编著 . 云南树木图志 (下) [M]. 昆明 : 云南科技出版社 ,1991.6.1402.

麻　竹

别　　名： 大绿竹

原 植 物： 禾本科竹亚科植物麻竹 *Dendrocalamus latiflorus*

植物特征： 竿高达 25m，径 15 ~ 25cm，梢头长下垂；节间长 45 ~ 60cm，幼时被白粉；节内具一圈棕色茸毛；每节多分枝，主枝常不发达。竿箨早落，厚革质，背面初时略被刺毛，后无毛，先端广圆形，鞘口极窄，箨耳不明显；箨舌高 1 ~ 3mm，先端具锯齿；箨片外翻，长 6 ~ 16cm，宽 3 ~ 5cm。叶片长 20 ~ 35cm，宽 2.5 ~ 7cm。花枝每节生 1 ~ 7 小穗，节间密被黄褐色柔毛；小穗卵形，暗紫色，先端钝。

食用部位： 笋。

食用方法： 鲜食或做成酸笋食用，也可加工笋丝。

食疗作用： 消渴利尿、清肺化痰。

县域分布： 主要种植于海拔 1 600m 以下农地及沟谷。

采集时间： 7—9 月。

资源特点： 资源量大，2001 年以后从广西引种成功，全县约有 1 275hm^2。

食用评述： 由于纤维含量少，鲜嫩爽口，但患风湿病的人不宜食用或少食用。

参考资料： 西南林学院、云南省林业厅编著 . 云南树木志 (下)[M]. 昆明 : 云南科技出版社 ,1991.6.1401-1402.

芦　笋

别　　名： 美哦（傣）、图俄（彝）

原 植 物： 禾本科芦竹亚科植物芦苇 *Phragmites australis*

植物特征： 多年生高大禾草；粗壮根茎具革质鞘状的鳞片。秆自匍匐茎上升起，直立，高 2 ~ 4（6）cm，径粗 5 ~ 15mm，具多节，节下有白粉，节间中空，光滑无毛，常不分枝。叶鞘圆形，无毛，脉纹间有横脉，在秆上存留时间甚长；叶舌仅为一圈密生的白色短纤毛；叶片线形至线状披针形，在秆上呈两行排列，基部圆形，不抱茎，先端逐渐收缩而成细长的芒尖头。两面平滑无毛，边缘略粗糙。圆锥花序长 14 ~ 40（50）cm，宽 6 ~ 10cm，淡褐色或稍带紫色；主轴粗壮，无毛，有棱；分枝较纤细。下部 1 ~ 2 节单生，其基部有白色长毛；小枝及小穗柄均无毛，稍压扁，表面粗糙；小穗长 11 ~ 16mm；颖片膜质，具 3 脉；第一外稃不育；第一能育外稃披针形；内稃膜质，脊上稍粗糙。

食用部位：嫩芽。

食用方法：把采集回来的嫩芽剥去叶鞘，用沸水焯过，清水浸泡 2 ~ 3 天，去除苦味后可炒食或煮汤食用。

食疗作用：清热生津、利尿。

县域分布：通常生于山谷中河岸边。

采集时间：3—4 月。

资源特点：植物体幼嫩时期是良好饲料，竿及叶可用于造纸，也可用作瓜架的原材料。

食用评述：有少数人食用，味如竹笋。

参考资料：1. 中国科学院昆明植物研究所编著 . 云南植物志 (Vol.9)[M]. 北京 : 科学出版社 ,2003.9.223-224.

2. 云南省药物研究所编著 . 云南天然药物图鉴 (Vol.3)[M]. 昆明 : 云南科技出版社 ,2008.6.216.

02

茎叶类蔬菜

树头菜

别　　名： 发公（傣）、撒着纠（彝）

原 植 物： 山柑科植物树头菜 *Crateva unilocularis*

植物特征： 乔木。枝灰褐色，常中空，有散生灰色皮孔；小叶薄、革质，表面略有光泽，背面苍灰色，侧生小叶基部不对称，顶端渐尖或急尖，中脉带红色，网状脉明显。总状或伞房状花序着生在小枝顶端；果球形，干后灰色至灰褐色。

食用部位： 嫩茎叶。

食用方法： 采回的嫩茎叶，除去杂质，漂洗晾干后，装入罐中，倒入新鲜、冷却的米汤浸泡七天左右，使其充分发酵后，即可取出拌盐、辣椒面等佐料食用；也可用沸水焯过后拌佐料食用。

食疗作用： 清热解毒、健胃，主治胃痛、扁桃体炎、关节痛。

县域分布： 海拔 1 600m 以下农地、房前屋后及田边地角。

采集时间： 3 月中旬至 4 月上旬。

资源特点： 由于生态环境破坏，野生资源逐渐减少，现多为人工种植，并有一定规模。

食用评述： 用米汤腌制的树头菜腌菜，风味独特，老少皆爱。

参考资料： 中国科学院昆明植物研究所编著．云南植物志(Vol.2)[M]．北京：科学出版社,1995.3.47.

甜 菜

别　　名： 甜菜、发弯（傣）、娃吃（彝）

原 植 物： 山柚子科植物长蕊 *Melientha longistaminea* W.Z.Li.

植物特征： 常绿小乔木，高达10m，直径16cm；树皮灰白色，平滑或龟裂。小枝绿色，有灰白色皮孔，叶椭圆形或卵状椭圆形，长10～12cm，宽3～3.5cm，先端急尖或短渐尖，基部楔形，下延，全缘，两面无毛，密被小凸起，中脉两面凸起，侧脉6～8对，在下面凸起；叶柄长5mm。花单性，雌雄异株，多为圆锥花序，稀总状花序，簇生于主干和老枝上，在小枝上单生于叶腋，长达8cm。核果成熟时浅黄色，椭圆形，长约3cm，直径约2cm，果梗长约5cm。花期3—4月，果期4—7月。

食用部位： 嫩茎叶、花序。

食用方法： 用鸡蛋、蚕豆瓣、腌菜、傣家酸腌肉、石蚌、鲜肉氽汤食用，其中，甜菜煮石蚌是“山珍海味”，是新平膳食中的极品。

食疗作用： 祛风开窍、渗湿利水，辅助降压、降糖。

县域分布： 海拔700～1 500m的河谷、沟谷密林中。

采集时间：3—8 月。

资源特点：野生单株产量很低，现有林下仿野生种植，但远满足不了市场需求，具有很大的开发价值。

食用评述：花序及嫩茎叶氽汤做菜。其汤，色泽碧绿、清纯，令人悦目；其味，鲜甜醇美，不禁叫绝。煮腌菜吃，酸甜可口，是不可多得的下饭菜，深受年轻人喜爱。但长期食用，会有一定的降压和降血糖作用，低血压、低血糖人群不宜长期食用。

参考资料：1. 中国科学院昆明植物研究所编著 . 云南植物志 (Vol.6) [M]. 北京：科学出版社 ,1995.3.679.

2. 新平县民族医药研究学会、新平县康茂医院编 . 新平县花腰傣人天然食品的食疗保健功效［M］. 昆明：云南民族出版社 ,2016.7.12-13.

苦　藤

别　　名：苦凉菜、发门（傣）、娃夸莫（彝）

原 植 物：萝摩科植物南山藤 *Dregea volubilis*

植物特征：木质大藤本。茎皮有皮孔；枝条灰褐色，有小瘤状凸起。叶宽卵形或近圆形，顶端急尖或短渐尖，基部截形或浅心形，无毛或几无毛。伞形聚伞花序腋生，着花多朵；花冠黄绿色，有香气。蓇葖果披针状圆柱形，外果皮被白粉，具多皱棱翅或纵肋。种子广卵形，扁平，有薄边。

食用部位：嫩茎叶及花序。

食用方法：（1）煮傣家酸腌肉做汤。

（2）炒鸡蛋或炒番茄。

（3）沸水焯后凉拌。

食疗作用：清热解毒。

县域分布：海拔 1 500m 以下农地、房前屋后、田边地角及阳坡林地。

采集时间：3—10 月。

资源特点：野生资源少，产量低，现多为人工栽培，有一定规模。

食用评述：全株可药用，可用于感冒、气管炎等的治疗。鲜叶可医治妊娠呕吐；外用医治疮疖。将嫩茎叶、韭菜沸水焯后切段，狗及家禽的内脏煮熟后切成片或小段，炒香的花生米去皮冲细，放盐、辣椒等佐料凉拌食用。此菜肴是傣味特色菜之一。

参考资料：云南省药物研究所编著 . 云南天然药物图鉴 (Vol.2) [M]. 昆明 : 云南科技出版社 ,2008.6.256.

鱼腥草

别　　名：壁虱菜、折耳根、发候（傣）、七曹娃（彝）

原 植 物：三白草科植物鱼腥草 *Houttuynia cordata*

植物特征：多年生草本，高 15 ~ 50cm，有腥臭味。茎直立略带红褐色，下部匍匐状，具根状茎，白色，节上轮生须根。叶互生，心形或宽卵形，有细腺点，顶端短渐尖，基部心形，全缘，两面脉上有柔毛，下面常紫色；托叶膜质，条形，下部常与叶柄合生成鞘状。穗状花序生于茎顶端，与叶对生。种子多数，卵形。

食用部位：嫩茎叶。

食用方法：（1）凉拌：嫩茎洗净掐（切）成段，叶洗净，用盐、辣椒、生抽等佐料凉拌；也可直接用卤腐汤凉拌。

（2）嫩茎洗净掐（切）成段，放油、盐（或加入鲜肉片）氽汤食用。

食疗作用：清热解毒、消痈排脓、利尿通淋。

县域分布：海拔 1 800m 以下沟谷、溪边及潮湿的田埂、地边。

采集时间：全年。

资源特点：因产业结构调整，水田多改为旱地，野生资源逐渐减少，现多为人工种植。

食用评述：很多人开始时不喜欢吃，甚至不会吃，但习惯后会上瘾，几日不吃，如隔三秋。鱼腥草为著名的药食两用植物，可用于肺痈吐脓、痰热喘咳、热痢、痈肿疮毒的治疗。

参考资料：云南省药物研究所编著 . 云南天然药物图鉴 (Vol.1) [M]. 昆明：云南科技出版社 ,2004.5.303.

野　芋

别　　名：水芋、弯根（傣）、余得莫（彝）

原 植 物：天南星科植物野芋 *Colocasia antiquorum*

植物特征：湿生草本。块茎球形，有多数须根。匍匐枝常从块茎基部伸出，长或短，具小球茎。叶柄肥厚，直立，长可达 1.2m；叶片薄革质，表面稍发亮，盾状卵形，基部心形；花序柄比叶短许多，通常形成短缩的合轴。佛焰苞苍黄色，管部淡绿色，长圆形。肉穗花序短于佛焰苞。

食用部位： 匍匐茎（弯根）、花、叶柄、块茎。

食用方法：（1）匍匐茎：除去叶鞘洗净后，可直接煮傣家酸腌肉；沸水焯后炒或凉拌；晾干水分后也可放盐、辣椒面（也可用糟辣子或剁红椒代替）、花椒面腌制。

（2）叶柄：撕去外表皮后煮蚕豆米、马铃薯或傣家腌肉。

（3）花：炒食。

（4）块茎：煮汤。

食疗作用： 消肿散结、疗热止渴、滑中宽胃等。

县域分布： 人工多栽培于海拔 1 500m 以下浅沟、沼泽、水田或阴湿处。

采集时间： 6—10 月。

资源特点： 由于农药超量使用，野生资源正逐渐减少，现多为人工栽培。

食用评述： 用匍匐茎腌制的弯根腌菜，酸香开胃，煞是好吃，是傣族的特色腌制食品之一。

参考资料： 云南植物研究所编著．云南植物志 (Vol.2)[M]. 北京：科学出版社,1979.3.778-779.

刺　菜

别　　名： 发囊碗（傣）

原 植 物： 天南星科植物刺芋 *Lasia spinosa*

植物特征： 草本乃至灌木状，茎极短，具紧缩的节间，凡茎、叶柄、叶下面、花葶均有刺。叶具长柄，叶形变异甚大，幼叶戟形或箭形，老叶叉指状羽裂。果紫色，倒卵形，顶端有小瘤状突起，具 1 粒种子。

食用部位： 嫩叶。

食用方法：（1）洗净后切段，用傣家酸腌肉、番茄煮汤。

（2）沸水焯后切段，用盐、辣椒等佐料凉拌。

食疗作用： 用于慢性胃炎、跌打损伤、毒蛇咬伤等。

县域分布： 海拔 1 300m 以下沟边、沼泽。

采集时间： 4—9 月。

资源特点： 由于农药超量使用，湿地逐渐减少，野生资源不多，现多为人工栽培，产量较高。

食用评述： 口感不错，是傣族特色野菜之一。

参考资料： 中国科学院植物研究所编著 . 中国高等植物图鉴 (Vol.5) [M]. 北京：科学出版社 ,1976.12.360.

滴水芋

别　　名： 窝弗（傣）、得迟莫（彝）

原 植 物： 天南星科植物大野芋 *Colocasia gigantean*

植物特征： 常绿高大草本。叶基生，硕大，叶柄和叶面均灰白色，叶柄上有灰白色粉末，叶柄有槽，长 30 ~ 50cm 或更长，叶椭圆形或心形，长 100 ~ 150cm 或更大。花基生，佛焰苞白色。

食用部位： 叶柄。

食用方法： 叶柄撕去外表皮后切段煮汤（用煮牛肉或羊肉的汤炖煮，口感更好）、素炒或切片炒肉，也可舂细后放佐料凉拌。

食疗作用： 用于感冒、肺结核、风湿性关节炎等。

县域分布： 全县海拔 1 800m 以下地区，多人工栽培。

采集时间： 3—9 月。

资源特点： 有一定资源量，多为人工栽培。

食用评述： 食用口感较好，民间用于治疗泡病，对哮喘有辅助治疗作用。

参考资料： 裴盛基、许又凯著 . 西双版纳的植物与民族文化 [M]. 上海 : 上海科学技术出版社 ,2020.12.47.

小苦菜

别　　名： 麻端点（傣）、埃泥纠得舍（彝）

原 植 物： 茄科植物龙葵 *Solanum nigrum*

植物特征： 一年生直立草本。茎直立，绿色或紫色，多分枝，有纵直棱线，沿棱被细毛。叶互生或2枚双生，卵形，先端渐尖或钝尖，基部宽楔形，下延至叶柄，全缘或具不规则的粗齿或微波状，具柄。短蝎尾状伞形花序，腋外生，花冠白色。浆果球形，成熟时紫黑色。

食用部位： 嫩茎叶。

食用方法： 嫩茎叶洗净后煮汤或素炒。

食疗作用： 清热解毒、利水排石、消肿散结。

县域分布： 生于海拔2 000m以下草丛和田边地角。

采集时间： 5—10月。

资源特点： 野生，资源量大。其变种少花龙葵 *Solanum nigrum* L. var.*photeinocarpum* Nakamura et Odashima，其食味、食疗作用与龙葵一致。

食用评述： 入口清凉甘甜，对肿瘤有辅助治疗作用。

参考资料： 云南省药物研究所编著．云南天然药物图鉴(Vol.1)[M]．昆明：云南科技出版社,2004.5.156.

野茼蒿

别　　名：民国菜、革命菜、那我挪（傣）、洋余猜娃（彝）

原 植 物：菊科植物野茼蒿 *Crassocephalum crepidioides*

植物特征：直立草本。茎有纵条纹，无毛。叶互生，膜质，矩圆状椭圆形，先端锐尖或渐尖，基部楔形，边缘有重锯齿或有时基部羽状分裂。头状花序排成圆锥状；总苞圆柱形。花两性，筒状，粉红色。瘦果狭圆柱形，赤红色，有条纹，被毛；冠毛丰富，白色。

食用部位：嫩茎叶、花序。

食用方法：素炒、煮汤或沸水焯过后凉拌。

食疗作用：清热解毒、消炎止咳、健脾消肿。

县域分布：生于海拔 2 000m 以下山地和田边地角。

采集时间：6—9 月。

资源特点：野生，资源量大。

食用评述：有清香味，口感好，是新平当地喜欢食用的一种野菜。

参考资料：云南省药物研究所编著 . 云南天然药物图鉴 (Vol.1) [M]. 昆明：云南科技出版社 ,2004.5.341.

香 椿

别　　名： 椿、布春（傣）、国努（彝）

原 植 物： 楝科植物香椿 *Toona sinensis*

植物特征： 落叶乔木。树皮赭褐色，片状剥落；幼枝被柔毛，偶数羽状复叶，有特殊气味；小叶 10 ~ 22，对生，纸质，矩圆形至披针状矩圆形。圆锥花序顶生；花芳香，萼短小；蒴果狭椭圆形或近卵形；种子椭圆形，一端有膜质长翅。

食用部位： 嫩茎叶。

食用方法：（1）洗净切段，用石臼舂细，放盐及辣椒面拌匀后即可食用。

（2）洗净后，用沸水焯过后凉拌。

（3）洗净后，用沸水焯过，捞出沥干水分后即可放盐及辣椒面拌匀入罐腌制。

（4）洗净切段后炒肉（炒腊肉风味更佳），也可切碎后煎鸡蛋。

食疗作用： 用于治疗久泻、遗精、疥癣等。

县域分布： 全县海拔 2 000m 以下田边地角，房前屋后。

采集时间： 3—4 月。

资源特点： 有一定资源量，多为人工栽培。

食用评述： 吃椿有春天来临的感觉，让人奋发向上。香椿还是春季吃凉米线（卷粉）、凉粉不可缺少的佐料。

参考资料： 中国科学院植物研究所编著. 中国高等植物图鉴 (Vol.2) [M]. 北京：科学出版社,1972.5.573.

大果榕

别　　名： 象耳朵叶、木瓜榕、弗呀（傣）、得勒莫（彝）

原 植 物： 桑科植物大果榕 *Ficus auriculata*

植物特征： 中等乔木。叶宽卵形或近圆形，先端钝或短渐尖，基部心形或圆形，全缘或有疏齿，上面近无毛，下面被短毛；榕果具梗，簇生于老枝或无叶的枝上，倒梨形或陀螺形，直径 4 ~ 5cm，被柔毛，具 8 ~ 10 条纵棱，脐状突起大；花单性，雄花和瘿花同生于一榕果内，成熟榕果紫红色。

食用部位： 嫩茎叶。

食用方法： 沸水焯过后，用冷水浸泡，去掉涩味后煮蚕豆米。也可涮火锅或是沸水焯过后蘸蘸水或是蘸芥末吃。

食疗作用： 开胃，降脂助消化。

县域分布： 全县海拔 1 400m 以下沟谷及林缘。

采集时间： 4—5 月。

资源特点：野生资源量大，有少量人工栽培，具有开发潜力。

食用评述：口感好，是一种大众都较善食的山茅野菜。

参考资料：许又凯、刘宏茂编著．中国云南热带野生蔬菜[M]. 北京：科学出版社,2002.6.198.

臭　菜

别　　名：发囊息（傣）、则吃娃（彝）

原 植 物：含羞草科植物印度藤儿茶 *Acacia pennata*

植物特征：攀援多刺藤本。小枝和叶轴均被锈色短柔毛；总叶柄基部有突起的腺体 1 枚；小叶彼此紧靠，先端稍尖，顶端向上弯，具缘毛，中脉靠近上边缘；头状花序圆球形，果带状。

食用部位：嫩茎叶。

食用方法：沸水焯后凉拌；将洗净的嫩茎叶切碎，与鸡蛋搅拌均匀后煎食。

食疗作用：清热解毒、利水消肿。

县域分布：野生分布于海拔 1 500m 以下的山坡疏林，海拔 1 900m 以下有人工小片或零星栽培。

采集时间： 3—10 月。

资源特点： 野生资源量不大，多为人工栽培。

食用评述： 风味独特，民间吃法不断创新，用酱、番茄炒食为不可多得的下饭菜。

参考资料： 许又凯、刘宏茂编著. 中国云南热带野生蔬菜 [M]. 北京：科学出版社，2002.6.196.

薄　荷

别　　名： 费文门（傣）、拔华（彝）

原 植 物： 唇形科植物皱叶留兰香 *Mentha crispata*

植物特征： 多年生草本，直立，高 30 ~ 60cm，无毛，不结实枝仅贴地生。叶卵形或卵状披针形，长 2 ~ 3cm，宽 1.2 ~ 2cm，边缘具锐裂的齿，叶面皱波状，脉明显凹陷，背面脉带白色而明显隆起，叶柄无或近于无。轮伞花序密集于茎及分枝的顶端，呈圆柱形穗状花序，不间断或基部 1 轮伞花稍间断；苞片线状披针形，花萼钟形。小坚果卵珠状三棱形，略具腺点，茶褐色。

食用部位： 嫩茎叶。

食用方法： 洗净后凉拌、煮汤、做蘸水佐料皆可。

食疗作用： 缓解疼痛、利尿、消炎、助消化。

县域分布： 全县海拔 2 000m 以下田边地角潮湿处。

采集时间： 全年，尤以夏季产量最高。

资源特点： 资源丰富，城镇周边多作商品化栽培。

食用评述： 薄荷做菜，清香扑鼻、清凉解暑，老少皆爱。薄荷也可泡茶饮用。

参考资料： 云南植物研究所编著 . 云南植物志 (Vol.1)[M]. 北京：科学出版社 ,1977.10.706.

刺芫荽

别　　名： 费囊（傣）、野撒拍莫（彝）

原 植 物： 伞形科植物刺芹 *Eryngium foetidum*

植物特征： 一年生或多年生草本，高 10 ~ 60cm。基生叶革质，披针形或倒披针形，边缘有刺，嫩时较软，老叶坚硬。花葶直立，二歧分枝，茎秆上有小叶，小叶有刺。聚伞花序，花极小，白色或淡绿色。

食用部位： 全株或嫩茎叶。

食用方法： 凉拌或作佐料。

食疗作用： 全草治感冒发热、喉痛、头痛、目赤痛；皮肤风疹瘙痒；

麻疹不透，此外对疽、疥癣、漆疮有效。

县域分布：全县海拔 1 500m 以下田边地角潮湿处。

采集时间：全年。

资源特点：多为野生，少量人工种植。

食用评述：味同芫荽，食用上千年，无不良反应。

参考资料：许又凯、刘宏茂编著．中国云南热带野生蔬菜 [M]. 北京：科学出版社 ,2002.6.164.

荆芥薄荷

别　　名：筛懒（傣）、阿基拔华（彝）

原 植 物：唇形科植物柔毛罗勒 *Ocimum basilicum*

植物特征：一年生草本，具圆锥形主根及须根。茎直立，钝四棱形，多分枝；小枝具沟槽及短柔毛，幼嫩时红色，渐老变为绿色；叶卵形至卵状长圆形，先端微钝或急尖，基部楔形；总状花序顶生；小坚果卵珠形，黑褐色。

食用部位：嫩茎叶。

食用方法：洗净后凉拌或做蘸水的佐料。

食疗作用：温中壮阳。

县域分布：全县海拔 2 000m 以下菜园地及房前屋后。

采集时间：5—9 月。

资源特点：多为人工种植，野生资源量不大。

食用评述：香味浓郁，是吃蘸水罗非鱼不可或缺的佐料。

参考资料：李学兰、林艳芳主编 . 西双版纳傣族常用药食两用植物 [M]. 昆明 : 云南科技出版社 ,2020.8.286.

马蹄叶

别　　名：积雪草、发挪（傣）、莫科娃（彝）

原 植 物：伞形科植物积雪草 *Centella asiatica*

植物特征：一年生或多年生匍匐草本。节上分枝，长根，茎紫色。单叶互生，半圆形或肾形，边缘有宽钝齿，无毛或疏生柔毛，掌状脉，叶柄绿色，长 5 ~ 15cm。伞形花序，单生或 2 ~ 3 个腋生。

食用部位：茎、叶。

食用方法：洗净切段，可用于凉拌、煮汤；也可用于炒饭、炒鸡蛋食用。

食疗作用：清热解毒、止血、利尿、活血。

县域分布：全县海拔 2 000m 以下田边地角，草坡。

采集时间：全年。

资源特点：近年由于产业结构调整，水作多改为旱作，加之除草剂的滥用，田边地角难寻踪迹。

食用评述：口感独特，民间认为用马蹄叶炒饭吃，可治头晕。

参考资料：许又凯、刘宏茂编著．中国云南热带野生蔬菜 [M]. 北京：科学出版社 ,2002.6.163.

刺五加

别　　名：五加参、妈妹肚底（傣）

原 植 物：五加科植物刺五加 *Acanthopanax senticosus*

植物特征：灌木；茎通常被密刺并有少数笔直的分枝，有时散生，通常很细，长，常向下，基部狭，一般在叶柄基部刺较密。小叶 5，有时 3，纸质，有短柄，上面有毛或无毛，椭圆状倒卵形至矩圆形，长 7 ~ 13cm，边缘有锐尖重锯齿。伞形花序单个顶生或 2 ~ 4 个聚生，具多花。果几球形至卵形，长约 8mm，有 5 棱。

食用部位：嫩茎叶。

食用方法：沸水焯后凉拌；氽猪肉片或煮鸡蛋汤食用。

食疗作用：舒筋活血，消肿解毒，除风利湿。

县域分布：分布于海拔 1 500 ~ 2 000m 阴坡、箐边或杂木林中。

采集时间：全年。

资源特点：多人工零星栽培。扦插繁殖容易生根，是一种有开发前景的野生蔬菜。

食用评述：口感独特，食用上千年，无不良反应。

参考资料：中国科学院植物研究所编著.中国高等植物图鉴(Vol.2)[M].北京：科学出版社,1972.5.1036.

水芹菜

别　　名：不知我（傣）、车国娃（彝）

原 植 物：伞形科植物水芹 *Oenanthe javanica*

植物特征：多年生草本，地下茎细长，茎基部稍作匍匐向上。茎中空，有棱，高 10 ~ 50cm，2 ~ 3 回羽状复叶，互生。花白色，着生于枝顶，复伞形花序。

食用部位：嫩茎叶。

食用方法：沸水焯后凉拌、素炒或用蚕豆米煮汤食用。

食疗作用：退热解毒、利尿、止血、降压。

县域分布： 分布于海拔 1 500 ~ 2 000m 河边、沟边、湿地。

采集时间： 全年。

资源特点： 资源量大，分布范围广。

食用评述： 口味独特，食用上千年，无不良反应。

参考资料： 许又凯、刘宏茂编著．中国云南热带野生蔬菜 [M]. 北京：科学出版社,2002.6.167.

野　荞

别　　名： 酸荞菜、扣戛腾（傣）、俄瓦瓜（彝）

原 植 物： 蓼科植物金荞麦 *Fagopyrum dibotrys*

植物特征： 多年生草本。茎直立，分枝，具纵棱，无毛。叶等腰三角形或犁形，边缘全缘或波形；托叶膜质，三角形，包茎。花顶生或腋生的圆锥花序，花冠白色，瘦果三角形。

食用部位： 嫩茎叶。

食用方法： 洗净后素炒或沸水焯后凉拌。

食疗作用： 开胃，润肠通便。

县域分布： 海拔 2 000m 以下潮湿地埂、田埂。

采集时间： 7—10 月。

资源特点： 资源量大，分布范围广。

食用评述： 口感好，但大便溏泄者不宜多食。

参考资料： 1. 许又凯、刘宏茂编著 . 中国云南热带野生蔬菜 [M]. 北京：科学出版社 ,2002.6.144.

2. 李学兰、林艳芳主编 . 西双版纳傣族常用药食两用植物 [M]. 昆明：云南科技出版社 ,2020.8.125.

野花椒

别　　名： 竹叶椒、麻嘎（傣）、折能瓜（彝）

原 植 物： 芸香科植物竹叶花椒 *Zanthoxylum armatllm*

植物特征： 灌木或小乔木，枝直出而扩展，有弯曲而基部扁平的皮刺，老茎的皮刺基本上木栓化。单数羽状复叶，小叶 3 ~ 9，对生，纸质，披针形或椭圆状披针形，边缘有细锯齿。聚伞状圆锥花序，腋生；花单性；蓇葖果红色，有粗大而凸起的腺点，种子卵形，黑色。

食用部位： 嫩茎叶。

食用方法：洗净切细后作凉拌佐料或煎鸡蛋食用。

食疗作用：散热、止痛、祛蛔虫。

县域分布：分布于海拔 1 800m 以下疏林、空地。

采集时间：全年。

资源特点：野生分布广，傣族房前屋后常有种植。

食用评述：有微毒，不宜长期大量食用。近年来，花椒 *Zanthoxylum bungeanum* Maxim. 的嫩芽叶也开始走上百姓的餐桌，香醇软嫩、微麻爽口，可凉拌、素炒、炒肉片，也可煎鸡蛋食用，有湿中止痛、杀虫止痒的功效。

参考资料：1. 许又凯、刘宏茂编著 . 中国云南热带野生蔬菜 [M]. 北京：科学出版社 ,2002.6.213.

2. 张豫昆编著 . 滇菜特殊生态食材概览 [M]. 云南人民出版社，2015.4.79.

牛皮菜

别　　名：牛皮菜、牛尾巴根、朴嫩（傣）

原 植 物：防己科植物连蕊藤 *Parabaena sagittata*

植物特征：草质藤本。茎、枝被糙毛状柔毛。叶纸质或干后膜质，阔卵形或长圆状卵形，顶端长渐尖，基部箭形，后裂片短尖或圆，边缘有疏齿至粗齿，上面被疏毛或有时近无毛，下面密被毡毛状绒。花序伞房状，单生或有时双生，被茸毛。核果近球形而稍扁，果核卵状半球形。

食用部位：嫩茎叶。

食用方法：洗净切段素炒或煮汤（若用蚕豆米煮汤风味更佳）。

食疗作用：解热毒，润肠通便。

县域分布：元江干流以西海拔 1 400m 以下林缘、灌丛。

采集时间：4—8 月。

资源特点：原生植被遭到不同程度破坏，除草剂过量使用，野生资源逐年减少。

食用评述：口感好，民间用于通便。

参考资料：李学兰、林艳芳主编．西双版纳傣族常用药食两用植物[M]. 昆明：云南科技出版社,2020.8.147.

指甲菜

别　　名：牙母比（傣）

原 植 物：马齿苋科植物马齿苋 *Portulaca oleracea*

植物特征：一年生草本，全株无毛。茎平卧或斜倚，多分枝，圆柱形，淡绿色或带暗红色。叶互生，叶片扁平，肥厚，倒卵形，似马齿状，顶端圆钝或平截，基部楔形，全缘，上面暗绿色，下面淡绿色或带暗红色。无花梗。蒴果卵球形。种子小，黑褐色。

食用部位： 嫩茎叶。

食用方法： 洗净后切段素炒；沸水焯后凉拌。

食疗作用： 解热，止咳化痰，止泻。

县域分布： 生于菜园、水湿条件较好的农地。

采集时间： 5—8 月。

资源特点： 资源量大，自然传播快。

食用评述： 口感酸爽，体质偏寒者不宜多食。现代医学研究表明，有抗菌、兴奋子宫、引起肌肉松弛的作用，并有使心肌收缩力加强、心率加速、离体气管弛缓等作用。

参考资料： 1. 李学兰、林艳芳主编 . 西双版纳傣族常用药食两用植物 [M]. 昆明：云南科技出版社 ,2020.8.25.

2. 云南省药物研究所编著 . 云南天然药物图鉴 (Vol.1)[M]. 昆明：云南科技出版社 ,2004.5.69.

越南甜菜

别　　名： 甜菜、扑网外地（傣）

原 植 物： 大戟科植物守宫木 *Sauropus androgynus*

植物特征： 灌木，高 1 ~ 3m；小枝绿色，幼时上部具棱，老渐圆柱状；全株无毛。叶片近膜质或薄纸质，卵状披针形、长圆状披针形或披针形，长 3 ~ 10cm，宽 1.5 ~ 3.5cm，顶端渐尖，基部楔形、圆或截形；托叶 2 片，着生于叶柄基部两侧，长三角形或线状披针形。雄花：1 ~ 2 朵腋生，或几朵与雌花簇生于叶腋；雌花：通常单生于叶腋。蒴果扁球状或圆球状。种子三棱状，黑色。花期 4—7 月；果期 7—12 月。

食用部位： 嫩茎叶。

食用方法： 洗净后素炒或用鲜猪肉片汆汤，也可煮鸡蛋汤食用。

食疗作用： 补气血，润肠通便。

县域分布： 人工少量种植于海拔 1 500m 以下地区。

采集时间： 全年。

资源特点： 20 世纪 90 年代引入的新平本土蔬菜，目前，只是零星种植。

食用评述： 口感好，味甜，是一种有开发前景的木本蔬菜，但慢性腹泻者不宜多食。

参考资料： 1. 许又凯、刘宏茂编著 . 中国云南热带野生蔬菜 [M]. 北京：科学出版社 ,2002.6.190.

2. 李学兰、林艳芳主编 . 西双版纳傣族常用药食两用植物 [M]. 昆明：云南科技出版社 ,2020.8.130.

车 前

别　　名：赖蛤蟆棵、牙革掌（傣）、尼踏着娃（彝）

原 植 物：车前科植物车前 *Plantago asiatica*

植物特征：多年生草本，有须根。基生叶直立，卵形或宽卵形，顶端圆钝，近全缘，波状，或有疏齿至弯曲，两面无毛或有短柔毛。花葶数个，直立，有短柔毛，穗状花序占上端的 1/3 ~ 1/2 处，具绿白色疏生花；蒴果椭圆形，周裂；种子黑棕色。

食用部位：嫩叶。

食用方法：洗净后切段素炒或做汤，也可单独泡开水或水煎服用。

食疗作用：清热利尿。

县域分布：生于全县菜园地、田边地角及湿润的沟边、路旁。

采集时间：全年。

资源特点：野生，资源量大。

食用评述：全草和种子均可入药，有清热利尿作用。用肾茶和车前煮水服用，治疗热疾有特效。

参考资料：中国科学院植物研究所编著．中国高等植物图鉴 (Vol.4) [M]. 北京：科学出版社 ,1975.5.180.

羊奶菜

别　　名： 发哈（傣）、白瓦（彝）

原 植 物： 铰剪藤 *Cynanchum annularium*

植物特征： 藤状灌木，有乳汁；茎被微毛。叶卵状心脏形，长 5 ~ 7cm，宽 3.5 ~ 5cm，两面均被微毛；叶柄长 2 ~ 5cm，顶端具有几个丛生小腺体。聚伞花序伞形状或不规则总状，腋生；花序梗长 2.5 ~ 5cm；花梗与花序梗等长；萼片卵圆形，顶端钝，边缘被缘毛；花冠黄白色，内面带紫红色；冠片羽状长圆形；副花冠裂片比花药短。蓇葖果披针形，长 10 ~ 13cm，直径 1cm，无毛；种子卵圆形，扁平，边缘膜质呈翅状。

食用部位： 嫩叶、嫩果。

食用方法： 将嫩叶、嫩果采集后洗净舂细，拌上甜白酒、盐、红辣椒装罐腌制 1 ~ 2 个月后即可开罐食用，可保存 1 年以上。可直接下饭吃或是氽牛肉片吃。

食疗作用： 健脾开胃。

县域分布： 分布于元江以东海拔 1 300m 以下干热河谷向阳山坡。

采集时间： 6—9 月。

资源特点： 资源量小，有人尝试人工栽培成功。是一种深受当地喜欢的森林野菜，很有发展前景。

食用评述： 腌制的羊奶菜，是典型的傣族食品。味道略酸微甜，异香扑鼻，引人口馋，能增进食欲。

参考资料： 1. 中国科学院昆明植物研究所编著 . 云南植物志 (Vol.3) [M]. 北京：科学出版社 ,1983.6.617.

2. 新平县民族医药研究学会、新平康茂医院编 . 新平县花腰傣人天然食品食疗保健功效 [M]. 昆明：云南民族出版社 ,2016.7.110.

水竹叶

别　　名： 黄鳝菜

原 植 物： 鸭跖草科植物水竹叶 *Murdannia triquetra*

植物特征： 多年生水生或沼生草本；茎分枝或不分枝，被一列柔毛，基部匍匐，节处生须状根；叶片线状披针形，长 1.5 ~ 3.5cm，宽 4 ~ 6mm；花瓣长 7mm，比萼短而狭；蒴果长圆状三棱形；种子表面有沟纹。

食用部位： 嫩茎叶。

食用方法： 洗净，沸水焯后切段装碗（盘），上面放适量的辣椒

面、蒜末、花椒等佐料，浇上热油拌匀食用。

食疗作用： 清热解毒，利尿消肿。

县域分布： 海拔 1 600m 以下溪边、水域及草地潮湿处。

采集时间： 全年。

资源特点： 由于种植业结构调整，水田改为旱地，除草剂过量使用，野生资源逐渐减少。

食用评述： 口感好，味同空心菜。但因水竹叶草酸含量较高，不宜与牛奶、虾等高钙、高蛋白食物一起食用。

参考资料： 中国科学院昆明植物研究所编著 . 云南植物志 (Vol.3)[M]. 北京：科学出版社 ,1983.6.693.

灰挑菜

别　　名： 努舌白（彝）

原 植 物： 黎科植物灰藜 *Chenopodium album*

植物特征： 一年生草本，高 60 ~ 120cm。茎粗壮，有棱和绿色或紫红色的条纹，多分枝。叶有长叶柄，叶片棱状卵形至披针形，先端急尖或微钝，边缘有整齐的锯齿，下面有粉粒，灰绿色。多数花簇排成腋生或顶生的圆锥花序。

食用部位： 嫩茎叶。

食用方法： 洗净后素炒、做汤或沸水焯后凉拌，也可煮火锅吃。

食疗作用： 清热利湿，杀虫止痒。

县域分布： 分布于海拔 2 500m 以下菜地、田间、路旁、荒地、宅旁。

采集时间： 全年（亚热带地区常于冬天生长；较寒冷地区常于夏天生长）。

资源特点： 野生，资源量大，天然传播繁殖快。

食用评述： 口感好，有报道称，长期食用灰挑菜，经日光照射，易发生日光性皮炎。

参考资料： 1. 许又凯、刘宏茂编著 . 中国云南热带野生蔬菜 [M]. 北京：科学出版社 ,2002.6.113.

2. 云南省药物研究所编著 . 云南天然药物图鉴 (Vol.1)[M]. 昆明：云南科技出版社 ,2004.5.168.

刺苞菜

别　　名： 娃鸡白合（彝）

原 植 物： 五加科植物楤木 *Aralia elate*

植物特征： 落叶灌木或乔木，高达 8m；茎干具皮刺，小枝被黄棕色茸毛。叶为 2 ~ 3 回羽状复叶；叶轴、羽片轴均被黄棕色茸毛，疏生刺或无刺；小叶纸质或亚纸质，卵形、宽卵形至长卵形，先端渐尖，基部近于狭圆而偏斜，边缘有锯齿。伞形花序组成大圆锥花序顶生；果球形，黑色，具 5 棱。

食用部位： 嫩茎叶。

食用方法： 洗净后切段煮汤或沸水焯后炒食。

食疗作用： 解热除风。

县域分布： 分布于海拔 1 700 ~ 2 500m 疏林及空地。

采集时间： 3—4 月。

资源特点： 野生资源丰富，人工种植有一定规模，根孽能力强，且生长快，栽培容易。

食用评述： 胃寒者不宜多食。若用牛肉汤或羊肉汤煮吃，风味更佳。

参考资料： 西南林学院、云南省林业厅编著 . 云南树木图志（下）[M]. 昆明：云南科技出版社 ,1991.6.886.

仙人掌

别　　名： 扁金刚、囊到（傣）、们戳拉傣（彝）

原 植 物： 仙人掌科植物仙人掌 *Opuntia dillenii*

植物特征： 肉质植物，常丛生，灌木状，高 0.5 ~ 2m。茎直立，老茎下部近木质化，稍圆柱形，其余均掌状，扁平；每一节间倒卵形至椭圆形，绿色，散生小瘤体；叶钻形，生于小瘤体的刺束之下，早落。花单生于近分枝顶端的小瘤体上，鲜黄色，浆果卵形或梨形，长 5 ~ 8cm，紫红色，无刺。

食用部位： 嫩茎。

食用方法： 采嫩的掌状茎，剔除叶刺，切片沸水中焯过后，即可炒、煮汤或凉拌。

食疗作用： 健胃、利尿、消肿解毒。

县域分布： 分布于海拔 1 200m 以下干热河谷稀树草地；海拔 1 700m 以下均有人工种植。

采集时间： 3—10 月。

资源特点： 资源丰富，耐旱、耐瘠薄，栽培容易，果可食，是一种有开发利用前景的果蔬两用森林野菜。

食用评述： 口感滑腻，是新平花腰傣人经常食用的野菜。民间常用于解雪上一枝、草乌毒；外用于治疗腮腺炎、头痛、烫伤。

参考资料： 中国科学院植物研究所编著 . 中国高等植物图鉴 (Vol.2) [M]. 北京 : 科学出版社 ,1972.5.946.

小红菜

别　　名： 茶叶菜、滇西厚壳树、朴神（傣）、能（彝）

原 植 物： 紫草科植物长花厚壳树 *Ehretia logiflora*

植物特征：落叶乔木，高达15m。树皮灰白色，嫩枝无毛。叶片椭圆形至倒卵状披针形，长8 ~ 17cm，宽4 ~ 8cm，先端急尖或骤然渐尖，基部楔形，边缘全缘，两面无毛，叶面绿色，背面淡绿，具光泽，中脉和第一次侧脉（4 ~ 6对）在背面微隆起，第二、三次侧脉几无或不明显；叶柄长圆柱形，上面具凹槽，常呈淡红色。圆锥花序伞房状，生于小枝叶腋。花梗长1 ~ 1.5mm，被短茸毛。花冠白色或稀淡红色，无毛。核果近球形，直径7 ~ 10mm，幼时绿色转黄，成熟时淡红色，并分裂成各具1种子的4个核。

食用部位：嫩茎叶、花序。

食用方法：洗净后与豆豉、韭菜一起爆炒或煮汤。

食疗作用：清热消暑、通便瘦身、益气生津。

县域分布：主要分布于海拔1 600 ~ 2 100m林下、灌丛、路旁。

采集时间：3—4月。

资源特点：有一定资源量，口感好，是一种有开发潜力的森林野菜，十多年前就有农户房前屋后零星种植。

食用评述：口感好，用洋芋煮汤能吃出蜂蜜的香味。入口有一丝苦味，很快转甜，因此，深受人们的喜爱。

参考资料：中国科学院昆明植物研究所编著．云南植物志(Vol.4)[M]. 北京：科学出版社,1986.11.685-686.

水香菜

别　　名：水香薷、水薄荷、薄荷海（傣）、拔华徐（彝）

原 植 物：唇形科植物水香薷 *Elsholtzia kachinensis*

植物特征：柔弱平铺植物，长 10 ~ 40cm。单叶对生，卵圆形或卵圆状披针形，边缘在基部以上具圆锯齿，草质，叶两面被柔毛，全面密布腺点。穗状花序于茎及枝上顶生，由具 4 ~ 6 花的轮伞花序组成，密集而偏向一侧；花冠白色至淡紫色或紫色，冠檐二唇形。雄蕊 4；雄蕊、花柱均伸出花冠。小坚果长圆形，栗色。花果期 10—12 月。

食用部位：嫩茎叶、幼苗。

食用方法：（1）嫩茎叶或幼苗洗净后，放佐料凉拌。

（2）煮汤：嫩茎叶或幼苗洗净，水沸时放入，调入鸡蛋液味道尤佳；亦可做佐料与肉、鱼同煮，味极香。

食疗作用：祛风解表、清热解毒、止痒。

县域分布：生于海拔 1 800m 以下沼泽地、河边，水中及菜地灌溉沟、塘。

采集时间：全年。

资源特点：由于种植业结构调整，水田改为旱地，除草剂过量使用，加之生态环境变化，湿地减少，现多见于菜地灌溉沟、塘。

食用评述：口感独特，民间用于食积、消化不良等。

参考资料：1. 闫丽春、罗艳、施济普主编 . 云南西双版纳特色野生蔬菜 [M]. 北京：商务印书馆 ,2022.101.

2. 云南省药物研究所编著 . 云南天然药物图鉴 (Vol.6)[M]. 昆明：云南科技出版社 ,2012.12.149.

香茅草

别　　名：柠檬草、鸭动巴（傣）、施罗纠（彝别）

原 植 物：禾本科植物柠檬草 *Cymbopogon citratus*

植物特征：多年生密丛型具香味植物。秆高达 2m，粗壮，节下被白色蜡粉。叶鞘无毛，叶舌质厚；叶片宽线形，长 30 ~ 90cm，宽 5 ~ 15mm，顶端长渐尖，四面粗糙。伪圆锥花序具多次复合分枝，长约 50cm，疏散；总状花序成对着生于总梗上，其下托以舟形佛焰苞。颖果。花、果期夏季，少见有开花者。

食用部位：茎干、叶片。

食用方法：烧烤时，用香茅草捆住鸡、鱼、五花肉等，放在炭火上烤熟，具有一股淡淡的柠檬香味。煮火锅或煮肉类时放入少许香茅草同煮，可去腥增香。

食疗作用： 祛风除湿、消肿止痛。

县域分布： 常人工栽培于海拔 1 500m 以下庭院、菜地。

采集时间： 全年。

资源特点： 天然香料，野生资源较少，多为人工种植。

食用评述： 民间用香茅草煮水服用，可治疗热疾病。现代研究认为，全草含挥发油（香茅油），有抗真菌的作用；在其叶、根中含有胰岛素类物质。

参考资料： 1. 闫丽春、罗艳、施济普主编 . 云南西双版纳特色野生蔬菜 [M]. 北京：商务印书馆 ,2022.121.

2. 云南省药物研究所编著 . 云南天然药物图鉴 (Vol.2)[M]. 昆明：云南科技出版社 ,2007.5.320.

梁王茶

别　　名： 松香菜、明油菜、嘿徐娃（彝）

原 植 物： 五加科植物梁王茶 *Nothopanax delavayi*

植物特征： 灌木或小乔木；茎干灰褐色，有稀疏的皮孔，叶一般为 3 ～ 5 小叶的掌状复叶，少为单叶，革质，较集中地生于枝的先端，具叶柄；小叶披针形至狭披针形，长 6 ～ 12cm，宽 1 ～ 2.5cm，先端渐尖至尾状渐尖，基部窄楔形，边缘近全缘有粗锯齿。花序多顶生的伞形花序组成总状花序或圆锥花序，长 5 ~ 18cm；果近球形，侧偏，直径 2 ~ 3mm。花期 9—10 月，果期 12 月到次年 1 月。

食用部位： 嫩茎叶。

食用方法： 洗净切段直接素炒、荤炒，或是沸水焯过后凉拌。

食疗作用： 益气解表、健脾除湿、强壮身体。

县域分布： 生于海拔 1 400 ~ 2 300m 山谷阔叶林中。

采集时间： 3—4 月。

资源特点： 资源量小，有少量人工种植。

食用评述： 口感独特，有一股淡淡的松节油清香味。有数千年食用史，食用安全可靠。

参考资料： 1. 新平县民族医药研究学会、新平康茂医院编，新平县花腰傣人天然食品食疗保健功效 [M]. 昆明：云南民族出版社 ,2016.7.92.

2. 西南林学院 . 云南省林业厅编著 . 云南树木图志（下）[M]. 昆明：云南科技出版社 ,1991.6.853-854.

果芽菜

别　　名： 酸苞菜、扑里海（傣）、糯尼白（彝）

原 植 物： 桑科植物黄葛榕 *Ficus virens*

植物特征： 落叶乔木，具板根和支柱根。叶薄革质，长圆状披针形或近披针形，长达20cm，宽4 ~ 6cm，先端渐尖，基部钝圆，全缘，两面无毛。雌花生于同一榕果内壁；雄花无梗，少数，生于内壁近口部。榕果单生或成对生于落叶枝叶痕腋，球形，径8 ~ 10mm，熟时紫红色，无花序枝，瘦果有皱纹。

食用部位： 嫩茎叶。

食用方法：（1）素炒：嫩茎叶洗净，开水烫煮，去除涩味，沥干水分后放油、盐、豆豉等炒食。

（2）煮汤：先将番茄或腊肉等炒出香味，加水适量，待水沸时加入，煮透即可食用。亦可直接放入肉汤中煮熟食用。

食疗作用： 祛风、除湿、通络、消肿。

县域分布： 生于路边、疏林、宅旁，海拔1 600m以下，公园常见栽培。

采集时间： 3—4月。

资源特点： 有一定资源量，树体高大，采集困难。

食用评述： 吃果芽菜要与时间赛跑。阳春三月，黄葛榕几天就能将老叶落尽，接着又开始发新芽，吃嫩芽就一周左右时间。

参考资料： 1. 闫丽春、罗艳、施济普主编．云南西双版纳特色野生蔬菜[M]. 北京：商务印书馆,2022.9.112.

2. 西南林学院、云南省林业厅编著．云南树木图志(下)[M]. 昆明：云南科技出版社,1991.6.470.

臭牡丹

别　　名： 烀端吃够（傣）、微啰巴平（彝）

原 植 物： 马鞭草科植物臭牡丹 *Clerodendrum bungei*

植物特征： 小灌木，嫩枝稍有柔毛，枝内有白色中髓坚实。叶有强烈臭味，宽卵形或卵形，长 10 ~ 20cm，宽 5 ~ 15cm，顶端尖或渐尖，基部心形或近截形，边缘有大或小的锯齿，两面多少有糙毛或近无毛，下面有小腺点。聚伞花序紧密，顶生，花有臭味。花萼紫红色或下部绿色。核果倒卵形或球形，成熟后蓝紫色。

食用部位： 嫩茎叶。

食用方法： （1）沸水焯后，与佐料一同舂碎食用，也可凉拌。

（2）粮食短缺时期，将沸水焯过后的嫩茎叶切细，在清水中漂洗干净，捞起捏干水分，拌玉米面或是小麦面蒸熟食用。也可拌米蒸熟食用。

食疗作用： 祛风解毒、消肿止痛。

县域分布： 生于海拔 2 500m 以下荒地、山坡、林缘。

采集时间： 5—6 月。

资源特点： 分布广、野生数量大。

食用评述： 有数千年食用史，食用安全可靠。作蔬菜食用，掺粮食蒸食，有益肠胃，炖鸡蛋食用还可治手、脚泡病。

参考资料： 1. 中国科学院植物研究所编著 . 中国高等植物图鉴 (Vol.3) [M]. 北京：科学出版社 ,1974.8.601.

2. 临沧市农业环境保护监测站编著 . 临沧野生蔬菜 [M]. 昆明：云南科技出版社 ,2018.5.81.

小荨麻

别　　名： 小果荨麻、夯（傣）、阿基（彝）

原 植 物： 荨麻科植物小果荨麻 *Urtica atrichocaulis*

植物特征： 一年生草本。茎高达 100cm，中部节间距 3 ～ 6cm，多分枝，茎与枝条近无毛或疏生刺毛和极疏生短柔毛，叶片草质，卵形至披针形，长 2 ～ 6cm，宽 1.5 ～ 3cm，先端锐尖或短渐尖，基部楔形、宽楔形至近截形，边缘有 6 ～ 15 枚牙齿或牙齿状锯齿，稀有重锯齿，两面疏生刺毛和短柔毛，钟乳体细点状，基出脉 3 条，其侧生的一对伸达叶片上部1/3，与邻近的侧脉网结；叶柄长1 ~ 3.5cm，被毛同枝条；托叶很小，每节4枚，分生，狭披针形至线状披针形。雌雄花混生于同一花序上，雄的生于花序的上部，花序近穗状，长1.5 ~ 4cm。花期4—7月，果期8—9月。

食用部位：嫩茎叶、花序。

食用方法：清水洗净后可煮鱼，氽鲜肉，或氽鸡汤、羊肉汤、牛肉汤食用；也可沸水焯后炒豆豉、炒煳辣椒等食用。

食疗作用：祛痰、利湿、解毒。

县域分布：主要分布于中低海拔区域，喜温喜湿喜阴，生长在沟谷、路旁或村庄旁半阴湿处。

采集时间：全年。

资源特点：由于生长迅速且有刺毛，牛、羊不食，资源量大。

食用评述：口感较好，近年流行食用，是一种有较大开发利用前景的野生蔬菜。同时用嫩茎叶煮汤服用或是全株煮水泡脚，可治泡病，缓解便秘。

参考资料：中国科学院昆明植物研究所编著．云南植物志(Vol.7)[M].北京：科学出版社,1997.3.175-176.

大荨麻

别　　名： 宽叶荨麻、夯（傣）、阿基（彝）

原 植 物： 荨麻科植物宽叶荨麻 *Urtica iaetevirens*

植物特征： 多年生草本。茎纤细，高 30 ~ 100cm，茎无刺毛疏生刺毛，在节上密生细糙毛。叶片近膜质，卵形至披针形，长 4 ~ 10cm，宽 2 ~ 6cm，先端短渐尖至尾状渐尖，基部圆形、宽楔形或微缺，边缘有锐或钝的牙齿或锯齿，两面疏生刺毛和细糙毛，钟乳体短杆状，有时点状，基出脉 3 条，侧脉和外向二级脉常直达齿尖，叶柄纤细，向上渐变短。托叶每节 4 枚，分生，线状披针形。雌雄同株，稀异株；雄花序近穗状，纤细，生上部叶腋；雌花序生下部叶腋，近穗状。雄花近无梗，雌花近短梗。花期 6—8 月，果期 8—9 月。

食用部位： 嫩茎叶、花序。

食用方法： 清水洗净后可煮鱼（煮鲫鱼风味更佳），氽鲜肉，或氽鸡汤、羊肉汤、牛肉汤食用；也可沸水焯后炒豆豉、炒煳辣椒等食用。

食疗作用： 祛痰、利湿、解毒。

县域分布： 主要分布于县域元江以西片区海拔 1 300 ~ 1 800m

林下、河谷、凹地阴湿处。

采集时间： 3—8 月。

资源特点： 由于生长迅速且有刺毛，牛、羊不食，资源量大。

食用评述： 口感较好，近年风靡流行食用，是一种有较大开发利用前景的野生蔬菜。同时用嫩茎叶煮汤服用或是全株煮水泡脚，可治泡病，缓解便秘。

参考资料： 中国科学院昆明植物研究所编著．云南植物志 (Vol.7) [M]. 北京：科学出版社 ,1997.3.178.

翻白叶

别　　名： 非口亲（傣）、集麻（彝）

原 植 物： 荨麻科植物苎麻 *Boehmeria nivea*

植物特征： 半灌木，高 1 ~ 2m；小枝密被开展长硬毛和近开展贴状的短毛。叶互生，叶片纸质，宽卵形或近圆形，长 5 ~ 16cm，宽 3 ~ 14cm，先端渐尖或尾尖，基部宽楔形、圆形或微心形；边缘在基部以上有齿尖向上的粗牙齿，上面绿色，粗糙，散生糙状毛，下面除叶脉外均密被紧压交织的雪白色毡毛；叶脉上密被褐色或黄色糙状毛，基出脉 3 条，上面凹陷，下面隆起，侧脉 3 ~ 4 对；叶柄长 2 ~ 11cm，毛被同小枝；托叶披针形，长 1 ~ 1.5cm，先端钻形，脱落。雌雄通常同株，团伞花序排列成腋生无叶的圆锥花序，整个花序长 4 ~ 5cm，略下垂，通常雌花序位于上部的叶腋；雄花序 4 基数。花期 7—8 月，果期 9—11 月。

食用部位：叶片。

食用方法：采回的叶片去除大的 3 条基出脉后，用清水淘洗干净，放入锅中煮熟，捞出滤干水分后，放入研臼中冲成泥状，再放入事先准备好的糯米面，并根据各自的口味放适量的盐或糖再次冲拌均匀。最后做成竜粑蒸吃或是用油煎吃。

食疗作用：清热解毒、止血、消肿、利尿、安胎。

县域分布：分布于海拔 1 400m 以下撂荒农地、路边、村寨四周。傣族在菜园地边多有种植。

采集时间：5—9 月。

资源特点：人工种植容易，野生资源丰富。茎皮纤维为造纸的优质原料；根、叶供药用；叶还可养蚕或作饲料；种子油可食用。

食用评述：食用安全可靠，加工的食品口感好，是傣族的特色美食。

参考资料：中国科学院昆明植物研究所编著 . 云南植物志 (Vol.7) [M]. 北京 : 科学出版社 ,1997.3.316-317.

野旱菜

别　　名：野膝米、扑翁（傣）、努舍瓜（彝）

原 植 物：苋科植物反枝苋 *Amaranthus retroflexus*

植物特征：一年生草本，高 20 ~ 80cm；茎直立，稍具钝棱，密生短柔毛。叶菱状卵形或椭圆卵形，长 5 ~ 12cm，宽 2 ~ 5cm，顶端微凸，具 1 小芒尖，两面和边缘有柔毛；花单性或杂性，集成顶生和腋生的圆锥花序；苞片和小苞片干膜质，钻形，花被片白色，具一淡绿色中脉；雄花的雄蕊比花被片稍长；雌花花柱 3，内侧有小齿。胞果扁球形，小，淡绿色，盖裂，包裹在宿存花被内。

食用部位：嫩茎叶。

食用方法：嫩茎叶采摘后洗净，可炒可煮，或是沸水焯后凉拌。

食疗作用：清热利湿。

县域分布：生于海拔 1 800 ~ 2 500m 向阳处田埂、河边。

采集时间：6—9 月。

资源特点：野生状态下抗病虫能力强，具有开发潜力。

食用评述：口感好，食用安全可靠。

参考资料： 1. 中国科学院植物研究所编著 . 中国高等植物图鉴 (Vol.1)[M]. 北京：科学出版社 ,1972.2.605.

2. 云南省药物研究所编著 . 云南天然药物图鉴 (Vol.6）[M]. 昆明：云南科技出版社 ,2012.12.398.

苋　菜

别　　名： 野旱菜、野膝米、扑母些（傣）、努舍瓜（彝）

原 植 物： 苋科植物绿穗苋 *Amaranthus hybridus*

植物特征： 一年生草本，高 20 ～ 80cm；茎绿色，分枝，无毛或上部微有柔毛。叶片菱状卵形或矩圆状披针形，长 4 ～ 11cm，宽 2 ～ 4cm，顶端急尖或短渐尖，具凸尖，基部楔形，全缘或波状缘，无毛，叶面常带紫色；叶柄长 1 ～ 7.5cm，无毛。圆锥花序顶生，直立，近圆柱形，分枝或不分枝，由多数穗状花序形成，侧生穗较短，花簇生在花序上排列密集；苞片及小苞片卵状钻形，绿色。胞果近菱状卵形，环状横裂，淡绿色，露出花被外。种子近球形，白色。

食用部位： 嫩茎叶。

食用方法：嫩茎叶采摘后洗净，可炒可煮，或是沸水焯后凉拌。

食疗作用：清热利湿、消肿止痛。

县域分布：分布于海拔 1 200m 以下撂荒农地、路边、村寨四周。

采集时间：6—9 月。

资源特点：野生状态下抗病虫能力强，具有开发潜力。

食用评述：口感好，食用安全可靠。

参考资料：1. 中国科学院昆明植物研究所编著 . 云南植物志 (Vol.11)[M]. 北京 : 科学出版社 ,2000.9.405-406.

2. 云南省药物研究所编著 . 云南天然药物图鉴 (Vol.6)[M]. 昆明 : 云南科技出版社 ,2012.12.365.

蒲公英

别　　名：黄花地丁、婆婆丁、盼（傣）

原 植 物：菊科植物蒲公英 *Taraxacum mongolicum*

植物特征：多年生草本。根垂直。叶莲座状平展，矩圆状倒披针形或倒披针形，长 5 ~ 15cm，宽 1 ~ 5.5cm，羽状深裂，侧裂片 4 ~ 5 对，矩圆状披针形或三角形，具齿；顶裂片较大，戟状矩圆形，羽状浅裂或仅具波状齿，基部狭成短叶柄，被疏蛛丝状毛或几无毛。花葶数个，与叶多少等长，上端密被蛛丝状毛。总苞淡绿色，外层总苞片卵状披针形至披针形，边缘膜质，被白色长柔毛，舌状花黄色。瘦果褐色，长4mm，上半部有尖小瘤；冠毛白色。

食用部位：全草。

食用方法：夏秋季节采全草洗净切段做汤或是沸水焯过后，素炒或荤炒食用。

食疗作用：清热解毒、清肝利胆、利尿消肿。

县域分布：生于海拔 2 500m 以下田野、路旁。

采集时间：5—9 月。

资源特点：繁殖快，有人工少量栽培。

食用评述：抽穗前的蒲公英青绿喜人，其味清香苦凉，食之心宽气爽。现代研究表明，有抗病原微生物、抗肿瘤、抗胃溃疡等作用。

参考资料：1. 中国科学院植物研究所编著 . 中国高等植物图鉴 (Vol.4) [M]. 北京：科学出版社 ,1975.5.680.

2. 新平县民族医药研究学会、新平康茂医院编 . 新平县花腰傣人天然食品食疗保健功效 [M]. 昆明：云南民族出版社 .2016.7.72.

抽筋菜

别　　名： 鹅肠菜、朴应旺（傣）、微着瓦（彝）

原 植 物： 石竹科植物鹅肠菜 *Myosoton aquaticum*

植物特征： 多年生草本或二年生草本，高 10 ~ 40cm。主根圆柱形，长达 14cm，粗 1 ~ 1.5mm，有多数侧根和纤维状细根。茎下部匍匐，无毛，上部直立，被毛，通常具多数分枝。叶片卵形、狭卵形、卵状披针形或卵状三角形，长 1 ~ 4.2cm，宽 0.5 ~ 2.7cm，先端急尖或渐尖，基部圆形、近心形或平截。花顶生枝端或单生于叶腋；花梗纤细，长 1 ~ 1.2cm，被毛；花瓣 5，白色，比萼片长。蒴果卵球形，外弯，具多数种子；种子近圆形，略扁，成熟时暗棕色，表面密具瘤状突起。

食用部位： 嫩茎叶。

食用方法： 洗净后煮汤。

食疗作用： 清热、解毒、消肿。

县域分布： 生于海拔 2 500m 以下水肥条件较好的菜园。

采集时间： 11 月至次年 3 月。

资源特点： 资源量少。

食用评述： 口感好，可用于大叶性肺炎、高血压、牙痛、痢疾、月经不调、乳腺炎等的治疗；外用于疮疖。

参考资料： 1. 中国科学院昆明植物研究所编著 . 云南植物志 (Vol.6)[M]. 北京：科学出版社 ,1995.3.135.

2. 云南省药物研究所编著 . 云南天然药物图鉴 (Vol.1)[M]. 昆明：云南科技出版社 ,2004.5.455.

山药叶

别　　名： 红薯、窝门（傣）、埃奶能（彝）

原 植 物： 旋花科植物番薯 *Ipomoea batatas*

植物特征： 多年生草质藤本，光滑或稍被毛，有乳汁，块根白色、红色或黄色。茎粗壮，匍匐地面而生不定根。叶互生，宽卵形或心状卵形，长 5 ~ 12cm，全缘或分裂，顶端渐尖，基部截形至心形；叶柄有毛，与叶片近等长。花红紫色或白色，成腋生聚伞花序，有时单生，总花梗长；花冠钟状漏斗形，长 3 ~ 5cm。蒴果，种子 4，卵圆形，无毛。

食用部位： 块茎、嫩茎叶。

食用方法： （1）块茎洗净后可蒸食，为优质粗粮；也可加工淀粉，制作其他食品。

（2）嫩茎叶洗净后素炒或焯水后凉拌。

食疗作用： 生津润燥、消痈解毒。

县域分布： 种植于海拔 2 000m 以下地区。

采集时间： 6—10 月。

资源特点： 资源量大，有市场前景。

食用评述： 现代营养研究表明，甘薯叶含有多种维生素、矿物质及氨基酸。具有抗氧化、提高人体抗病能力、延缓衰老、抗炎防癌等多种保健功效。近代科学研究也表明，甘薯叶中含有大量的液蛋白，能预防心血管系统的脂肪沉积，保持动脉血管的弹性，有利于预防冠心病，同时还能防止肝脏和肾脏中结缔组织的萎缩，保持消化道和关节腔的润滑。甘薯叶中富含的纤维还能加快食物在肠胃中的运转，具有清洁肠道的作用。

参考资料： 中国科学院植物研究所编著 . 中国高等植物图鉴 (Vol.3) [M]. 北京 : 科学出版社 ,1974.8.531.

荠　菜

别　　名： 地米菜、阿尼基娃（彝）

原 植 物： 十字花科植物荠 *Capsella bursapastoris*

植物特征： 一年或二年生草本，高 20 ~ 50cm，稍有分枝毛或单毛。茎直立，有分枝。基生叶丛生，大头羽状分裂，长可达10cm，顶生裂片较大，侧生裂片较小，狭长，先端渐尖，浅裂或有不规则粗锯齿，具长叶柄；茎生叶狭长披针形，长1 ~ 2cm，宽2mm，基部抱茎，边缘有缺刻或锯齿，两面有细毛或无毛。总状花序顶生和腋生；花白色，直径2mm。短角果倒三角形或倒心形，扁平，先端微凹，有极短的宿存花柱；种子2行，长椭圆形，长1mm，淡褐色。

食用部位： 嫩茎叶。

食用方法： 嫩茎叶采摘洗净后煮汤。

食疗作用： 清热、利尿、止血、明目、消积。

县域分布： 生于海拔1 200 ~ 2 000m田埂、菜园。

采集时间： 全年。

资源特点： 资源量不大，有少量人工栽培。

食用评述： 口感好。现代研究认为，全草含有多种生物活性物质，对平滑肌有显著收缩作用；可产生短暂的血压下降，延长睡眠时间，具有加速应激性溃疡的愈合作用；兼具抗肿瘤作用。

参考资料： 1. 中国科学院植物研究所编著 . 中国高等植物图鉴 (Vol.2) [M]. 北京：科学出版社 ,1972.5.42.

2. 云南省药物研究所编著 . 云南天然药物图鉴 (Vol.1)[M]. 昆明：云南科技出版社 ,2004.5.336.

蓼 草

别　　名：香蓼、辣蓼、费吗（傣）、拉及活（彝）

原 植 物：蓼科植物水蓼 *Persicaria hydropiper*

植物特征：一年生草本，高 40 ~ 70cm。茎直立，多分枝，无毛，节部膨大。叶片披针形或椭圆状披针形，先端渐尖，基部楔形，长 4 ~ 8cm，宽 0.5 ~ 2.5cm，边缘全缘，具缘毛，两面无毛，被黑色小点，有时沿中脉具短状毛，具辛辣味。托叶鞘膜质，筒状，褐色。总状花序呈穗状，长 3 ~ 8cm，顶生或腋生，通常下垂，花稀疏，下部间段；苞片漏斗状，绿色，边缘膜质，疏生短缘毛；花梗比苞片长。瘦果卵形，双凸镜状或具 3 棱，密被小凹点，黑褐色，无光泽。

食用部位：嫩茎叶。

食用方法：洗净切细后作凉拌佐料，或和薄荷、葱、蒜、辣子、味精、盐巴等作蘸水用，特别适宜蘸食牛、羊肉。

食疗作用：理气除湿、健胃消食。

县域分布：生于海拔 2 000m 以下溪边、水边等潮湿处。

采集时间：全年。

资源特点：由于只用作佐料，多人工种植于菜地沟塘。

食用评述： 有特殊香味，是云南名菜新平“戛洒汤锅”不可或缺的蘸水佐料。还可用于胃气痛、消化不良、小儿疳积、风湿疼痛的治疗。

参考资料： 中国科学院昆明植物研究所编著．云南植物志(Vol.11)[M]．北京：科学出版社,2000.9.351.

芜萍蛋

别　　名： 厚方（傣）、余尾徐（彝）

原 植 物： 浮萍科植物芜萍 *Wolffia arrhiza*

植物特征： 漂浮水面或悬浮，细小如沙，为世界上最小的种子植物。叶状体卵状半球形，单1或2代连在一起，直径0.5～1mm，上面绿色，扁平，具多数气孔，背面明显凸起，淡绿色，表皮细胞五至六边形；无叶脉及根。

食用部位： 叶状体。

食用方法： 傣族常捕捞素炒，或是煮汤食用。

食疗作用： 清热解毒、润肠通便。

县域分布： 多生于水塘、水池或积水沼泽中。

采集时间： 全年。

资源特点： 由于鱼类、鸭、鹅喜食，故资源量较少。

食用评述： 食用上千年，无不良反应。富含淀粉、蛋白质等营养物质，煮汤使用牛油，味道更佳。

参考资料： 中国科学院昆明植物研究所编著．云南植物志 (Vol.5) [M]. 北京：科学出版社 ,1991.5.713.

枸杞尖

别　　名： 枸杞菜

原 植 物： 茄科植物云南枸杞 *Lycium chinense*

植物特征： 灌木，高约 1m。枝细长，柔弱，常弯曲下垂，有棘刺。叶互生或簇生于短枝上，卵形、卵状菱形或卵状披针形，长 1.5 ~ 5cm，宽 5 ~ 17mm，全缘；

叶柄长 3 ~ 10mm。花常 1 ~ 4 朵簇生于叶腋；花梗细，长 5 ~ 16mm；花萼钟状，长 3 ~ 4mm，3 ~ 5 裂；花冠漏斗状，筒部稍宽但短于檐部裂片，长 9 ~ 12mm，淡紫色，裂片有缘毛；雄蕊 5，花丝基部密生茸毛。浆果卵状或长椭圆状卵形，长 5 ~ 15mm，红色；种子肾形，黄色。

食用部位： 嫩茎叶。

食用方法： 做汤、炒鸡蛋或炒饭。

食疗作用： 清热、凉血。

县域分布： 常生于海拔 1 200 ~ 1 600m 田埂、坡荒地、路旁。

采集时间： 3—10 月。

资源特点： 资源量较少。

食用评述： 口感好，民间常用于治疗头晕。

参考资料： 中国科学院植物研究所编著 . 中国高等植物图鉴 (Vol.3)[M]. 北京：科学出版社 ,1974.8.708.

水滑菜

别　　名： 锯镰菜、阿克娃（彝）

原 植 物： 荨麻科植物勐海冷水花 *Pilea menghaiensis*

植物特征： 多年生草本；根茎匍匐。茎直立，高 60 ~ 100cm，有钝纵棱，不分枝或分枝，下部木质，有不定根，变无毛，上部密被长柔毛。叶同对的近等大；叶片膜质，长圆状椭圆形，长 4 ~ 6.5cm，宽 2 ~ 3cm，先端渐尖，基部宽楔形或近圆形，边缘在基部以上有细圆齿状锯齿。基出 3 脉，在上面凹陷，下面隆起，侧生 1 对基出脉伸至叶片上部 1/3 并与小脉连接，侧脉多数，45° ~ 55° 斜展；叶柄长 1 ~ 3cm。雄花序腋生，聚伞状，具总梗，雄花橘红色；雌花序、雌花及瘦果未见。

食用部位： 嫩茎叶。

食用方法： 洗净后，煮汤食用（放入沸汤中，待汤再一次沸后即可食用）。

食疗作用： 清热解毒、润汤通便。

县域分布： 生于海拔 1 800m 以上有流水的箐边。

采集时间： 4—7 月。

资源特点： 资源丰富，以前多用作猪的青饲料，人也食用。

食用评述： 口感好，与蚕豆米煮汤，风味更佳。

参考资料： 中国科学院昆明植物研究所编著 . 云南植物志 (Vol.7) [M]. 北京：科学出版社 ,1997.3.212-214.

小柴胡

别　　名： 钻叶紫菀、剪子菜

原 植 物： 菊科植物钻叶紫菀 *Aster subulatus*

植物特征： 一年生草本，高 20 ~ 100cm。主根圆柱状，向下渐狭，具多数侧根和纤维状细根。茎单一，直立，基部略带红色，上部有分枝。叶互生，无柄，披针状线形，长 6 ~ 15cm，宽 0.5 ~ 1.5cm，先端尖或钝，全缘。头状花序顶生，排成圆锥花序；总苞钟状；总苞片 3 ~ 4 层，外层较短，内层较长，线状钻形，无毛，背面绿色，先端略带红色，舌状花细狭，小，红色；管状花多数，短于冠毛。瘦果，略有毛。花期 9—11 月。

食用部位： 嫩苗、嫩茎叶。

食用方法： 嫩苗、嫩茎叶洗净后素炒、做汤、涮火锅，也可沸水焯后凉拌。

食疗作用： 清热解毒、止咳平喘、抗菌消炎。

县域分布： 原产北美洲，县域生于海拔 1 800m 以下地边、路旁、荒地。

采集时间： 6—8 月。

资源特点： 资源丰富，有人工种植，采集时间可提前至 4 月。

食用评述： 口感好，近年开始食用，有开发前景。

参考资料： 1. 中国科学院昆明植物研究所编著．云南植物志 (Vol.13)

[M]. 北京：科学出版社,2004.8.59.

2. 苟光前编著 . 野菜图谱 [M]. 贵阳：贵州科技出版社,2009.4.73.

甘蔗尖

别　　名： 糯瑶（傣）、波池（彝）

原 植 物： 禾本科植物甘蔗 *Saccharum officinarum*

植物特征： 大型丛生禾草，具短根状茎或否。秆直立，高 2 ~ 4m，径 3 ~ 7cm，多节，绿色、黄绿色、紫色或褐红色，表面全部或至少在节下被有 1 层白霜，根原基常 2 至数列。叶鞘长于节间，叶片阔线形，长 50 ~ 150cm，宽 3 ~ 10cm，两面平滑无毛，稍粗糙，边缘粗糙或有极细的锯齿，中脉宽厚，在叶上面微凹，宽达 1cm，背面凸起。圆锥花序顶生，长 30 ~ 80cm，下部分枝长达 25cm 或更长，再数次分出小枝，白色或略带紫色。

食用部位： 分蘖苗的嫩茎尖。

食用方法： 甘蔗中耕管理时，间出的分蘖苗剥除叶及叶鞘后，沸水中煮熟（约 10 分钟），捞出冷却后可蘸酱油、酸醋食用；也可切片素炒或是切段煮傣家酸腌肉食用。

食疗作用： 清热生津、润燥和中、解毒。

县域分布： 人工种植于海拔 1 500m 以下地区。

采集时间： 全年。

资源特点： 甘蔗栽培中，为减少养分消耗，使蔗株分布合理、生长健壮，多余的分蘖应该间掉，间出的苗可作饲料，剥除叶及叶鞘后，幼嫩的茎尖可以食用。资源量大，但近年种植业结构调整，甘蔗种植面积逐年减少，资源也随之减少。

食用评述： 口感好，是新平县傣族常食的蔬菜，现在彝、汉民族也学会食用。

参考资料： 中国科学院昆明植物研究所编著 . 云南植物志 (Vol.9)[M]. 北京：科学出版社 ,2003.9.605-606.

青刺尖

别　　名： 扁核木

原 植 物： 蔷薇科植物扁核木 *Prinsepia utilis*

植物特征： 灌木，高 1 ~ 5m。老枝粗壮，灰绿色，小枝圆柱形，绿色或带状绿色，具棱条，被褐色短柔毛或近无毛；枝刺长达 3.4cm，刺上生叶，近无毛；冬芽小，卵圆形或长圆形，近无毛。叶片长圆形或卵状披针形，长 3.5 ~ 9cm，宽 1.5 ~ 3cm，先端急尖或渐尖，基部宽楔形或近圆形，全缘或有浅锯齿，两面均无毛，上面中脉下陷，下面中脉和侧脉突起。花多数成总状花序，生于叶腋或侧生枝刺顶端；花瓣白色。核果长圆形或倒卵状长圆形，成熟时紫褐色或黑色，平滑无毛，被白粉。花期 4—5 月，果期 6—9 月。

食用部位：嫩茎叶。

食用方法：嫩茎叶采回后，漂洗沥干水分，投入装有当天冷却米汤的罐中，密封让其发酵，一周后可按需要量取出拌食盐、辣椒面等佐料食用。

食疗作用：开胃、健脾、攻毒、祛瘀。

县域分布：生于海拔 1 000 ~ 2 800m 山坡荒地、路边灌丛。在新平多见于磨盘山海拔 2 000 ~ 2 300m 林缘、空地。

采集时间：春季。

资源特点：资源量小，可人工规模种植；藤茎可做果园、菜园等的围篱。

食用评述：其味酸甜爽口，可直接做酸菜食用或用黄蚂蚁卵、大黑蜂蛹等煮食，十分可口，是待客的佳肴。

参考资料：1. 中国科学院昆明植物研究所编著 . 云南植物志 (Vol.12) [M]. 北京：科学出版社 ,2006.5.608.

2. 新平县民族医药研究学会、新平县康茂医院编 . 新平县花腰傣人天然食品的食疗保健功效 [M]. 昆明：云南民族出版社 ,2016.7.88.

豆腐菜

别　　名： 土人参、瓦参

原 植 物： 马齿苋科植物土人参 *Talinum portulacifolium*

植物特征： 直立草本，高 10 ~ 100cm。具肉质纺锤根及须根，似人参状，通常从基部抽出 1 ~ 3 枝花亭。叶互生或对生，椭圆形或倒卵圆形，长 3 ~ 9cm，宽 1 ~ 4cm，顶端微尖，基部楔形；全缘；薄肉质，叶背带紫色，叶面绿色，微具光泽；脉不明显，干后有羽状脉纹。圆锥花序由基部抽出，分叉或不分叉，长 10 ~ 40cm，全部无毛；总苞片常脱落；花淡红色，具膜质小苞片；花瓣 5，鲜红色；果浑圆，球形，红色，紫红色，黄褐色，具光泽，十分美丽。每果内有种子 16 ~ 30 粒，种子黑色、光亮，圆形。花果期 8—10 月。

食用部位： 肉质根、嫩苗、嫩茎叶。

食用方法： 肉质根洗净后可炖肉、炖鸡食用；嫩苗、嫩茎叶洗净后可炒食、做汤或煮粥。

食疗作用： 补中益气、润肺生津。

县域分布： 喜生于半阴半阳的墙头、墙脚，及山坡岩石缝中或地边。

采集时间：肉质根：冬、春；嫩苗、嫩茎叶：夏季至初秋。

资源特点：资源量小，有人少量种植于庭院。

食用评述：肉质根炖鸡或猪肉食用，能安神、补气、强身。全草入药，性平、味甘。能增强免疫力，具保肝作用，能抗细胞突变等，用于病后体虚、虚劳咳嗽、遗精、多尿、乳汁不通等。是一种很有发展前景的野生蔬菜。

参考资料：1. 中国科学院昆明植物研究所编著 . 云南植物志 (Vol.11) [M]. 北京：科学出版社 ,2000.9.301.

2. 苟交前编著 . 野菜图谱 [M]. 贵阳：贵州科技出版社 ,2009.4.109.

刺通菜

别　　名：顿美党（傣）、瓦鸡白拍（彝）

原 植 物：五加科植物刺通草 *Trevesia palmata*

植物特征：常绿小乔木，高 3 ~ 5m；枝淡黄棕色，幼时密被棕色柔毛，疏生短刺。叶大，直径 30（60）~ 45（90）cm。掌状 5 ~ 9 深裂；叶片长椭圆形至披针形，又具小裂片，常在基部有扁形的弯曲裂片，先端渐尖至长渐尖或钝尖，边缘有粗锯齿，两面或仅在下面散生棕黄色星状鳞片毛，侧脉在两面隆起；叶脉长 30（60）～ 90cm，通常疏生短刺，密被棕色茸毛或无毛或仅基部被毛，具条纹。花序为伞形花序组成的圆锥花序，长 30 ～ 45cm，被铁锈色茸毛；伞形花序有花多数，褐色；花瓣 7 ～ 12，常合生成一帽状体。果近球形，径 1 ～ 2cm，无毛，棱不明显；花柱宿存，内具 7 ～ 12 粒种子。花期 3—5 月，果期 5—6 月。

食用部位： 嫩果、嫩茎叶。

食用方法： 将嫩果或嫩茎叶沸水焯过后，切碎加佐料凉拌食用；或是切段加油、盐、蒜泥、辣椒等炒熟食用。

食疗作用： 除风止痛、利尿解毒。

县域分布： 喜生于海拔 1 000 ～ 1 500m 沟谷林下阴湿处。

采集时间： 嫩果 5 月；嫩茎叶 3—4 月。

资源特点： 分布范围窄，资源量不多。

食用评述： 口感一般，胃寒者不宜多食。

参考资料： 1. 中国科学院昆明植物研究所编著 . 云南植物志 (Vol.2)[M]. 北京：科学出版社 ,1979.3.417-418.

2. 李学兰、林艳芳主编 . 西双版纳傣族常用药食两用植物 [M]. 昆明：云南科技出版社 ,2020.8.80.

鸡舌头菜

别　　名：鸭子草、朴领娘（傣）、月拖瓦（彝）

原 植 物：雨久花科植物鸭舌草 *Monochoria vaginalis*

植物特征：一年生或多年生草本，通常高 10 ～ 30cm；茎直立，斜生或匍匐，淡绿色，节上生根，有分枝，因而常丛生成密丛。叶形及大小多变，成年植株的叶长 2 ～ 12.5cm，宽 0.2 ～ 10mm；幼株上全为沉水叶，无明显的叶片；挺水叶叶柄基部宽鞘状，鞘长 2cm，宽 1cm，上部有三角形的叶舌；叶柄圆柱形，长度变化大；成年植物叶片绿色，背面淡绿，卵形、卵状长圆形至卵状披针形，基部钝，圆形、截形或心形，先端渐尖或锐尖。花序柄外围有鳞叶和苞叶；花序柄短，总状或近伞形花序，先直立，果时下垂。蒴果椭圆状，种子长圆形，褐色。花期 5—9 月，果期 6—10 月。

食用部位：嫩茎叶。

食用方法：（1）凉拌：洗净切段后加佐料凉拌食用。

（2）素炒：洗净切段加油、盐、蒜瓣、辣椒等炒熟食用。

（3）煮汤：洗净切段用傣家酸腌肉、番茄等煮汤食用。

食疗作用： 退热消肿、清热解毒、利尿。

县域分布： 生于池塘、沼泽及稻田中。

采集时间： 全年。

资源特点： 除人食用外，也可作家畜、家禽饲料。但由于湿地逐年减少，加之多数地方水作改为旱作，资源量较少。

食用评述： 口感一般，偏寒，过敏体质者不宜食用。现代研究认为，鸭舌草对金黄色葡萄球菌、链球菌、大肠杆菌及白色葡萄球菌均有抑制作用。

参考资料： 1. 中国科学院昆明植物研究所编著．云南植物志 (Vol.5) [M]. 北京：科学出版社,1991.5.705-706.

2. 李学兰、林艳芳主编．西双版纳傣族常用药食两用植物 [M]. 昆明：云南科技出版社,2020.8.82.

芦　荟

别　　名： 憨匪（傣）

原 植 物： 百合科植物芦荟 *Aloe vera*

植物特征： 多年生常绿肉质草本；茎粗短。叶 15 ~ 20 枚，呈莲座式排列，狭披针状剑形，肉质，长 15 ~ 30cm，宽 3 ~ 5cm，上部稍平，背面拱凸，粉白色，绿色，边缘有刺状硬齿。花葶高 60 ~ 90cm，不分枝或稍有分枝，总状花序，具多数稍松散的花；苞片披针形，顶端急尖，花时反折；花黄色，淡红色，开放时下垂。蒴果长圆形；种子偏斜具不规则的翅。花期 10—11 月。

食用部位： 肥厚的嫩叶。

食用方法： 剥去外皮后即可炒、做汤或与其他肉类一起炒食。

食疗作用： 杀菌抗炎、湿润美容、解毒。

县域分布： 有极少量野生资源分布于干热河谷灌丛，人工少量种植于庭院作药用、观赏。

采集时间： 全年。

资源特点： 有很大的发展空间，是一种很有开发前景的观赏性食用花卉。

食用评述： 芦荟口感欠佳，但其具有多种医疗保健功效。一是可增强免疫功能；二是抗肿瘤；三是可治便秘；四是可抗菌；五是抗胃损伤和保肝作用；六是含有多种保健美容类物质。其中以美容养颜最为瞩目。

参考资料： 1. 中国科学院昆明植物研究所编著 . 云南植物志 (Vol.7) [M]. 北京 : 科学出版社 ,1997.3.696.

2. 许又凯、刘宏茂编著 . 中国云南热带野生蔬菜 [M]. 北京 : 科学出版社 ,2002.6134.

小红叶

别　　名： 黄连木、邓妈息（傣）、月挪徐（彝）

原 植 物： 漆树科植物黄连木 *Pistacia chinensis*

植物特征： 落叶乔木或大乔木，高达20m。幼枝疏被微柔毛或近无毛，具小皮孔。奇数或偶数羽状复叶互生，有小叶11 ~ 15，对生或近对生，纸质，披针形或卵状披针形，长5 ~ 10cm，宽1.5 ~ 2.5cm，先端渐尖或长渐尖，基部偏斜，全缘，侧脉和网脉两面隆起。圆锥花序腋生，先花后叶，雄花序排列紧密，雌花序排列疏松，被微柔毛；花小，花枝长约1mm，被微柔毛。干燥核果，倒卵状球形，成熟时红色，干后具纵向细条纹，先端短尖。

食用部位： 嫩茎叶。

食用方法：（1）嫩茎叶洗净，煮熟，用清水漂洗后炒食。

（2）制茶或腌后做菜。

食疗作用： 清热解毒、止渴。

县域分布： 生于海拔1 200 ~ 1 800m阳坡疏林中，亦有作行道树及观赏树栽培。

采集时间： 3—4月。

资源特点： 有一定资源量，是不可多得的乡土观叶树种。

食用评述： 黄连木嫩茎叶作蔬菜，最宜在就餐后食用，食后清口、爽喉、香唇，去酒味和肉腥膻味，回味无穷。目前食用的人不多，但未来可期。

参考资料： 1. 西南林学院 . 云南省林业厅编著 . 云南树木图志（下）

[M]. 昆明：云南科技出版社,1991.6.749.

2. 关佩聪、刘厚诚、罗冠英主编 . 中国野生蔬菜资源 [M]. 广州：广东科技出版社,2013.11.476.

辣　木

别　　名： 多油辣木

原 植 物： 辣木科辣木 *Moringa oleifera* Lam.

植物特征： 落叶乔木或灌木，高 3 ~ 12m，树干直径 20 ~ 40cm；树冠伞状，主枝纤细下垂，伸展无规律；树枝表皮有明显的皮孔和叶痕，小枝有短柔毛；叶一般为 3 回羽状复叶，长 25 ~ 75cm，羽叶 4 ~ 10 对，小叶对生，3 ~ 9 片，薄纸质，无毛，全缘,叶脉不明显,卵形、椭圆形或长圆形,长 1 ~ 2cm,宽 0.5 ~ 1.6cm,通常顶生叶片较大，顶叶单生；小叶柄纤弱，基部腺体线状。腋生圆锥花序；花两性，白色或奶黄色，有的花带紫红色，气味芳香。果实为长而具喙的蒴果，种子近球形，褐色，有三棱。

食用部位： 嫩茎叶、花、鲜果。

食用方法： （1）叶、花：可煎鸡蛋、蒸鸡蛋食用；也可煮水作饮料。（2）嫩梢：炒食或是加入鸡汤、猪蹄汤等肉汤中食用。

（3）鲜果：可以与各种肉类食材搭配，烹制成美味菜肴。

食疗作用： 抗菌、催乳、通便、驱虫。

县域分布： 人工种植于海拔 1 500m 以下房前屋后、田边地角。

采集时间： 4—5 月。

资源特点： 外来树种，曾有人小规模种植，但由于市场销售等原因而改种其他作物，现在仅零星分布。

食用评述： 食用者少，但具有很高的营养价值，含有精氨酸、赖氨酸、亮氨酸、苯丙氨酸等 20 种氨基酸，可为人体提供优质蛋白质；可提供多种维生素，包括维生素 A、维生素 B_1、维生素 B_2、维生素 B_3、维生素 B_6、维生素 C、维生素 E；富含多种矿物质，如钙、钾、铁等，并富含多种膳食纤维，是世界上最有营养的植物之一，具有很高的种植、开发价值。

参考资料： 刘昌芬主编 . 神奇保健植物辣木及其栽培技术 [M]. 昆明：云南科技出版社 ,2012.11.11-12；45-47.

奶浆菜

别　　名： 牛奶菜

原 植 物： 萝藦科植物大叶牛奶菜 *Marsdenia koi*

植物特征：攀援灌木。叶对生，纸质，宽卵形至卵状矩圆形，长10～16cm，宽5.5～10cm，顶端急尖，具尖头，基部心形，侧脉扁平，每边5～7条，叶柄长4～10cm，顶端具小腺体。伞形状聚伞花序腋生，比叶为短，总花梗长7～9cm，花梗长1.5～7cm；花萼5裂；花冠近钟状；副花冠5裂，近钻状。蓇葖果椭圆状，长5cm，直径2.5cm，种子顶端具白绢质种毛。

食用部位：嫩茎叶、花序。

食用方法：（1）凉拌：洗净沸水焯后，加佐料凉拌食用。

（2）素炒：洗净切段，用油、盐、蒜瓣、辣椒等炒熟食用。

（3）煮汤：洗净切段后煮豆腐、蚕豆米。

食疗作用：活血止痛。

县域分布：生于海拔1 600m以下山地林中。

采集时间：4—8月。

资源特点：资源量小，零星分布，有极少数农户房前屋后种植。

食用评述：口感一般，味如空心菜。

参考资料：1. 中国科学院植物研究所主编. 中国高等植物图鉴(Vol.3)[M]. 北京：科学出版社,1974.8.502.

2. 云南省药物研究所编著. 云南天然药物图鉴(Vol.7)[M]. 昆明：云南科技出版社,2012.12.20.

鬼针草

别　　名： 鬼见愁、压憨约（傣）、埃得尼机（彝）

原 植 物： 菊科植物三叶鬼针草 *Bidens pilosa*

植物特征： 一年生草本，高 30 ～ 100cm。中部叶对生，3 深裂或羽状分裂，裂片卵形或卵状椭圆形，顶端尖或渐尖，基部近圆形，边缘有锯齿或分裂。上部叶对生或互生，3 裂或不裂。头状花序直径约 8mm；总苞基部被细软毛，外层总苞片 7 ～ 8 枚，匙形，绿色，边缘具细软毛；舌状花白色或黄色，有数个不发育；筒状花黄色，长约 4.5mm，裂片 5。瘦果条形，具 4 棱，稍有硬毛；冠毛芒状，3 ～ 4 枚。

食用部位： 嫩茎叶、花。

食用方法： 嫩茎叶漂洗后，沥干水分炒食、做汤，也可沸水焯后凉拌。花晒干可泡茶饮用。

食疗作用： 清热解毒、除湿、退黄。

县域分布： 海拔 2 300m 以下路边、荒地。

采集时间： 6—8 月。

资源特点： 当地资源量最大、分布最广的一种植物，除嫩茎叶可食用外，还可作猪饲料。

食用评述：口感佳，目前仅有少数人知道可以食用。但随着人们对它的不断认识，会有广阔的利用前景。

参考资料：1. 中国科学院植物研究所编著 . 中国高等植物图鉴 (Vol.4) [M]. 北京 : 科学出版社 ,1975.5.497.

2. 云南省药物研究所编著 . 云南天然药物图鉴 (Vol.6)[M]. 昆明 : 云南科技出版社 ,2012.12.419.

云南皂荚

别　　名：皂角刺、扎国折（彝）

原 植 物：苏木科植物滇皂荚 *Glesitsia japonica* var. *delavayi*

植物特征：乔木，高达 18m，胸径达 60cm，小枝被柔毛；茎干及老枝基部有粗刺。一回羽状复叶，有时于萌枝上有二回羽状复叶，羽片 2 ~ 4 簇生，具 6 ~ 10 对小叶；叶轴上面下凹，两侧被疏柔毛；小叶椭圆形或长圆状椭圆形，长 2.5 ~ 5.5cm，宽 1.3 ~ 1.8cm，先端圆形或微凹，基部宽楔形、钝或近圆形。偏斜，上面叶脉及下面叶脉上被柔毛，边缘具浅状锯齿。花两性及杂性，总状花序或穗状花序。荚果带状、扁平，具短梗，革质，黑褐色，有光泽，不开裂，无毛，有种子10余粒。

食用部位： 嫩叶、种仁。

食用方法： 嫩叶沸水焯后可炒食或凉拌；种子成熟时，从皂荚中取出种子，剥去种壳，取出白色种仁（俗称皂角米），晒干备用。食用前浸泡发胀后，根据个人口味，配其他食材煮粥食用，也可直接用于煮粥。

食疗作用： 祛痰利尿、清热健胃、化痰止咳。

县域分布： 少量种植于房前屋后，公园。

采集时间： 嫩叶3—4月采集；果实7—8月采摘。

资源特点： 除嫩叶、种仁可食用外，荚果可代替肥皂用；粗刺可杀虫，外用治消肿、恶疮等症。县域资源量较小，可适量发展。

食用评述： 皂荚嫩叶含有丰富的蛋白质、碳水化合物及多种维生素，既可食用，又可制成茶饮，清热下火，扫毒通便，还有滋养头发的作用。

参考资料： 1. 西南林学院、云南省林业厅编著 . 云南树木图志（下）[M]. 昆明：云南科技出版社 ,1991.6.287.

2. 关佩聪、刘厚诚、罗冠英主编 . 中国野生蔬菜资源 [M]. 广州：广东科技出版社 ,2013.11.453.

藤三七

别　　名： 落葵薯、藤七

原 植 物： 落葵科植物落葵薯 *Anredera cordifolia*

植物特征： 缠绕藤本，长可达数米。根状茎粗壮。叶具短柄，叶片卵形至近圆形，长 2 ~ 6cm，宽 1.5 ~ 5.5cm，先端急尖，基部圆形至心形，稍肉质，腋生小块茎（珠芽）。总状花序多花，轴纤细而下垂，长 7 ~ 25cm；苞片狭，宿存；花托顶端杯状，花常由此脱落。花被片白色，渐变黑；雄蕊、花柱白色；果实、种子未见；花期 6—10 月。

食用部位： 嫩茎叶、珠芽、块茎。

食用方法：（1）嫩茎叶：洗净，沸水焯后加调料凉拌，也可素炒或配肉丝、腰花等炒食。

（2）珠芽：炖鸡、炖肉食用。

（3）块茎：去杂质，洗净，切薄片炒鸡蛋，也可切厚片炖鸡、炖肉食用。

食疗作用： 滋补、壮腰膝、消肿散瘀等功效；叶还可用于拔疮毒。

县域分布： 常见房前屋后、菜园地埂。

采集时间： 嫩茎叶（夏、秋季节）；珠芽（秋季）；块茎（冬季、早春）。

资源特点： 原产南美热带地区，繁殖快，产量高。

食用评述： 叶片含多种维生素、可溶性糖、蛋白质、脂肪、钙、磷、铁等，做菜食用，其味清脆滑嫩。珠芽、块茎食用均有滋补作用。落葵薯是一种具有开发前景的保健蔬菜。

参考资料： 1. 中国科学院昆明植物研究所编著 . 云南植物志 (Vol.16) [M]. 北京 : 科学出版社 ,2006.1.66.

2. 张汝霖编著 . 贵州高原野生食用蔬菜 [M]. 贵阳：贵州教育出版社 ,1999.6.129.

紫　苏

别　　名： 苏子、黑舍拍（彝）

原 植 物： 唇形科植物紫苏 *Perilla frutescens*

植物特征： 一年生芳香草本。茎直立，绿色、绿紫色或紫色，钝四棱形，具槽，有长柔软毛，棱及节上尤密。单叶对生，叶片宽卵形或近圆形，先端急尖或尾尖，基部圆形或宽楔形，边缘有粗锯齿，两面绿色或紫色或仅下面紫色，有毛，侧脉 7 ~ 8 对；叶柄密被长柔毛。轮伞花序 2 花，组成偏向一侧的顶生或腋生总状花序；花冠白色、粉红色或紫红色，外面略有微柔软毛，花冠筒短，冠檐近二唇形，雄蕊几不外伸，前对稍长。小坚果三棱状球形，灰白色；具网纹。花期 7—10 月，果期 9—11 月。

食用部位： 幼苗、嫩茎叶。

食用方法： 洗净的幼苗、嫩茎叶炒食、炸食或做汤、煮粥；腌制加工，储存食用；也可在沸水中焯一下，凉拌食用。

食疗作用： 解表散寒、行气宽中、解毒。

县域分布： 全县零星种植。

采集时间： 5—6 月。

资源特点： 资源量小，有人工少量药用种植。

食用评述： 紫苏做菜，清香扑鼻，能治风寒感冒、恶寒发热、咳嗽、气喘、胸腹胀满、胎动不安等症，解鱼蟹毒。但温病及气弱虚者忌食。

参考资料： 1. 中国科学院植物研究所编著 . 中国高等植物图鉴 (Vol.3)[M]. 北京：科学出版社 ,1974.8.683.

2. 田关森、王嫩仙等主编 . 中国森林蔬菜 [M]. 北京：中国林业出版社 ,2009.7.132-134.

斑 庄

别　　名： 酸汤杆、呦唯药、窝压布金巴（傣）、些米活（彝）

原 植 物： 蓼科植物虎杖 *Polygonum cuspidatum*

植物特征： 多年生草本，高 1 ~ 1.5m。茎直立，丛生，基部本质化，分枝，无毛，中空，散生红色或紫红色斑点。叶有短柄，叶片宽卵形或卵状椭圆形，长 6 ~ 12cm，宽 5 ~ 9cm，顶端有短骤尖，基部圆形或楔形；托叶鞘膜质，褐色，早落。花单性，雌雄异株，成腋生的圆锥状花序；花梗细长，中部有关节，上部有翅。瘦果椭圆形，有 3 棱，黑褐色，光亮，包于增大的翅状花被内。

食用部位： 嫩茎叶。

食用方法： 嫩茎叶洗净，沸水焯过后，用清水浸泡 1 ~ 2 天，除去酸味后炒食或做汤，亦可嫩茎去皮后生食。

食疗作用： 祛风利湿、散瘀定痛、止咳化痰。

县域分布： 生于海拔 2 000m 以下溪边、田埂潮湿处，亦有人工庭院少量栽培。

采集时间： 4—8 月。

资源特点： 多生长于水源附近，是一种水分需求较高的植物。有一定资源量，栽培繁殖容易，种植一次，可收获多年。

食用评述： 口感好，无毒副作用。在缺医少药的年代，脖子疼（咽喉发炎），牙龈肿痛，人们会将其根茎洗净后泡水喝，效果很好。

参考资料： 1. 中国科学院植物研究所编著．中国高等植物图鉴(Vol.1)[M]. 北京：科学出版社,1972.2.187.

2. 云南省药物研究所编著．云南天然药物图鉴(Vol.2)[M]. 昆明：云南科技出版社,2007.5.567.

铁刀木

别　　名： 黄花木

原 植 物： 苏木科植物铁刀木 *Cassia siamea*

植物特征： 常绿乔木，高达20m，胸径达40cm或更粗；树皮黑灰色，细纵裂。小枝被疏柔毛，有皮孔。偶数羽状复叶，有小叶6～11对，小叶椭圆形、长椭圆形或长圆状椭圆形，长3.5～8cm，宽1.5～2.5cm，先端钝至微凹，有小尖头，基部圆形或钝，全缘，幼时两面毛被明显，后渐脱落，几无毛，下面被白粉；托叶线形，脱落。伞房状圆锥花序，顶生；花冠黄色，花瓣倒卵形，有爪；荚果镰状条形，长 15 ~ 30cm，宽 1 ~ 1.5cm，扁平，密被褐色柔毛，开裂，种子多数，近圆形，有光泽，黑褐色。花期 7—12 月，果期 1—4（6）月。

食用部位： 嫩茎、叶、花。

食用方法： 把采集来的嫩茎、叶或花用开水烫后，洗净，炒食或做汤。

食疗作用： 除风解毒。

县域分布： 20 世纪 60 年代引种于海拔 1 200m 以下公路边作行道树栽培。

采集时间： 嫩叶 4—6 月，花 8—12 月。

资源特点： 是极好的用材、观赏及薪炭柴树种。枝条茂密，适宜作防风树和行道树；耐旱，适宜干热河谷地区土层深厚的地方种植。

食用评述： 在西双版纳，药食两用历史已有上千年，现在民间仍广泛使用。

参考资料： 1. 西南林学院、云南省林业厅编著 . 云南树木志 (下)[M]. 昆明 : 云南科技出版社 ,1991.6.294-296.

2. 许又凯、刘宏茂编著 . 中国云南热带野生蔬菜 [M]. 北京 : 科学出版社 ,2002.6.63-64.

3. 李学兰、林艳芳主编 . 西双版纳傣族常用药食两用植物 [M]. 昆明 : 云南科技出版社 ,2020.8.144.

03

花类蔬菜

地芭蕉

别　　名：谷哈海（傣）、尼的哩（彝）

原 植 物：芭蕉科植物地涌金莲 *Musella lasiocarpa*

植物特征：植株丛生，具水平生长的匍匐茎，高不及60cm。假茎矮小，基茎约15cm，基部有宿存的上年的叶鞘。叶片长椭圆形，长达50cm，宽约20cm，顶端锐尖，基部近圆形，对称，有白粉。花序直立，密集，苞片黄色，有花二列，花序下部为雌花，上部为雄花，果为三棱状卵球形，外密被硬毛，具种子。种子6，扁圆形，深褐色。

食用部位：假茎、花序。

食用方法：（1）炒食：将假茎剥去老的叶鞘后切细，用食盐搓洗，然后用水漂洗干净拧干水分，即可炒食。花序食用方法同假茎。

（2）烀吃：将假茎剥去老的叶鞘后切砣或片，可烀鸡、猪排骨、猪心或猪肺吃，味道鲜美，回味无穷。

食疗作用：收敛止血。

县域分布：人工栽培于海拔1 400m以上地埂。

采集时间：全年。

资源特点：过去多用作猪饲料，种植较多，现在养猪喂精饲料和苞谷面，种植规模不大。

食用评述：口感较好，茎汁民间用于解酒或解草乌毒。

参考资料：1. 许又凯、刘宏茂编著 . 中国云南热带野生蔬菜 [M]. 北京：科学出版社 ,2002.6.72.

2. 云南省药物研究所编著 . 云南天然药物图鉴 (Vol.1)[M]. 昆明：云南科技出版社 ,2004.5.163.

野芭蕉

别　　名：沟藤（傣）、尼扎（彝）

原 植 物：芭蕉科植物小果野蕉 *Musa wilsonii*

植物特征：植株高 6 ~ 12m，无蜡粉。假茎胸径 15 ~ 25cm，淡黄色，带紫褐色斑块。叶片长圆形，长 1.8 ~ 2.5m，宽 60 ~ 80cm，基部心形，叶脉于基部弯曲成心形，叶柄细而长，有开张的窄翼，长 40 ~ 60cm。花序下垂，序轴无毛茸，苞片外面黑紫色，被白粉，内面浅土黄色，每苞片内有花 2 列；花被片淡黄色，离生花被片倒卵状长圆形，先端具小尖头，合生花被片长为离生花被片 2 倍或以上，先端 3 齿裂，中裂片两侧具小裂片。浆果几圆柱形，长 10 ~ 13cm，直径 4.4cm，果身直，成熟时

灰深紫色，果柄长 3.5 ~ 4.5cm，深绿色，密被白色短毛，果内几乎全是种子。

食用部位： 花序、假茎（未抽蕾开花者）。

食用方法：（1）将未曾抽蕾开过花的假茎齐土砍倒，剥去老的叶鞘，留下幼嫩的部分，切片后搅拌去除纤维，凉拌或煮汤，尤煮蚕豆米或冲碎的花生米最佳。

（2）花去除雌、雄蕊，嫩苞片切细，沸水焯过后，用冷水浸泡 2 ~ 3 天，可用于煮汤或与豆豉、韭菜爆炒。

（3）花、嫩苞片切细，用食盐搓捏，浸出涩味，再用清水漂洗，去除涩味，放豆豉、韭菜爆炒。

食疗作用： 利水、瘦身。

县域分布： 多分布于海拔 1 300 ~ 2 000m 河谷、沟谷阴湿地，尤以元江以西的哀牢山资源量最大。

采集时间： 全年。

资源特点： 资源量大，口味好，是一种很有发展前景的森林野菜，也是良好的饲料植物。

食用评述： 脆嫩鲜甜，能解腻减肥，健美瘦身，但便秘者不宜多食。现在有人开始用幼嫩的假茎蘸蘸水食用或是蘸芥末食用，可以减少人体对脂肪的摄入，更利于身体健康。

参考资料： 中国科学院昆明植物研究所编著 . 云南植物志 (Vol.2) [M]. 北京：科学出版社 ,1979.3.731.

攀枝花

别　　名： 挖扭（傣）、罗别微（彝）

原 植 物： 木棉科植物木棉 *Cossampinus malabarica*

植物特征： 落叶大乔木，高可达 25m；幼树干或老树枝条有短粗的圆锥状刺；侧枝平展；掌状复叶有 5 ～ 7 个小叶；小叶具柄，长 10 ～ 16cm，宽 4 ～ 5.5cm，无毛；叶柄长 12 ～ 18cm。花簇生于枝端，先叶开放，直径约 10cm，红色或橙红色；花萼杯状，长 3 ～ 4.5cm，厚，常 5 浅裂；花瓣长 8 ～ 10cm；雄蕊多数，合生成短管，排成 3 轮，最外轮的集生为 5 束；蒴果，木质，裂为 5 瓣，内有绵毛，种子倒卵形，光滑。

食用部位： 雄蕊群。

食用方法： 去除花瓣及雌蕊后，剩下的雄蕊群，用沸水焯过后，冷水浸泡 2 ～ 3 天，去除苦涩味，用于凉拌或煮傣家酸腌肉。

食疗作用： 活血化瘀，除湿消肿，瘦身。

县域分布： 主要分布于海拔 1 200m 以下干热河谷。

采集时间： 每年早春。

资源特点： 资源量大，口味好。

食用评述： 口感好，是傣族常食野菜，食用上千年，未见毒副作用报道。

参考资料： 中国科学院植物研究所编著 . 中国高等植物图鉴 (Vol.2) [M]. 北京 : 科学出版社 ,1972.5.823.

马　桑

别　　名： 妈满（傣）、撒横（彝）

原 植 物： 桑科植物桑 *Morus alba*

植物特征： 乔木或灌木，高达 15m。树皮厚，黄褐色，有纵裂。叶卵形至宽卵形，长 5 ～ 15cm，宽 5 ～ 12cm，先端急尖或钝尖，基部圆形至浅心形，边缘锯齿粗钝，分裂或不分裂，上面无毛，下面脉腋有丛生毛，叶柄长 1.5 ～ 2.5cm。雄花序下垂，长 2 ～ 3.5cm，绿白色，密被微柔毛；雌花序长 1 ～ 2cm，被毛，无梗。聚花果卵状椭圆形，成熟时紫黑色。

食用部位： 嫩叶、花序。

食用方法： 成熟的果实可以直接食用或泡酒，幼嫩的叶和花序可以炒鸡蛋或是沸水焯过后炒鲜肉、腊肉、豆豉或配伍其他菜蔬炒食。

食疗作用： 清热、解表明目。

县域分布： 分布于全县海拔 1 800m 以下，多人工栽培。

采集时间： 12 月至次年 4 月。

资源特点： 资源丰富，对土壤、水肥条件要求不高。

食用评述： 口感好，食用上千年，无不良反应。

参考资料： 1. 新平县民族医药研究学会、新平康茂医院编 . 新平县花腰傣人天然食品食疗保健功效 [M]. 昆明：云南民族出版社 ,2016.7.34.

2. 西南林学院、云南省林业厅编著 . 云南树木图志（下）[M]. 昆明：云南科技出版社 ,1991.6.427.

火烧花

别　　名： 石蚌花、炮仗花、妈管劳（傣）、呆拨微（彝）

原 植 物： 紫葳科植物火烧花 *Mayodendron igneum*

植物特征： 常绿乔木。树皮光滑，嫩枝具长椭圆形白色皮孔。大型奇数2回羽状复叶，长达60cm；小叶卵形至卵状披针形，顶端长渐尖，基部阔楔形，偏斜，全缘，两面无毛。花序有花5 ~ 13朵，组成短总状花序，着生于老茎或侧枝上。种子卵圆形，薄膜质，具白色透明的膜质翅。

食用部位： 花。

食用方法： 用沸水煮熟后，捞起用手捏净水分，用油、盐、蒜、辣椒等爆炒食用。

食疗作用： 解热、除风、利尿。

县域分布： 零星分布于海拔1 500m以下阴坡、沟谷常绿阔叶林内。

采集时间： 3—4月。

资源特点： 散生于林内，资源不多。火烧花分枝高，不能修枝采花，提倡捡拾落花食用。老干（茎）生花，是不可多得的绿化树种，开始有人庭院种植作观赏树。

食用评述： 口感好，禁生食。

参考资料： 李学兰、林艳芳主编.西双版纳傣族常用药食两用植物[M].昆明：云南科技出版社,2020.8.39.

鸡蛋花

别　　名： 蛋黄花

原 植 物： 夹竹桃科植物鸡蛋花 *Plumeria rubra*

植物特征： 小乔木，有丰富乳汁。幼枝粗壮，无毛，叶厚纸质，长圆状倒披针形，长 20 ~ 40cm，宽 7 ~ 11cm，侧脉几乎平行，未达叶缘而网结。顶生聚伞花序，无毛，总花梗肉质，绿色，小花梗淡红色，花冠外面白色，内面黄色。蓇葖果双生，圆筒状。种子斜长圆形，扁平，顶端有长达 2cm 的膜翅。

食用部位： 花。

食用方法：（1）花洗净后，煮汤或用韭菜、豆豉爆炒。

（2）蒸鸡蛋：将花瓣放入鸡蛋液中，加水适量，放油、盐调匀，烹熟食用。

（3）油炸：鸡蛋花裹蛋液，放入油锅中炸至金黄即可。

食疗作用： 有治湿热、解毒、润肺的功能。

县域分布： 多人工种植于海拔 1 500m 以下房前屋后、田边地角。

采集时间： 5—10 月。

资源特点：花期长，大而美丽，是一种较好的观赏植物，花作蔬菜口味好，值得推广发展。

食用评述：口感好，不宜生食。

参考资料：1. 西南林学院、云南省林业厅编著 . 云南树木图志（中）[M]. 昆明：云南科技出版社 ,1990.5.951.

2. 李学兰、林艳芳主编 . 西双版纳傣族常用药食两用植物 [M]. 昆明：云南科技出版社 ,2020.8.60-61.

猪腰豆

别　　名：白藤花、鹌鹑花、小雀花、阿木来微（彝）

原 植 物：蝶形花科植物猪腰豆 *Afgekia filipes*

植物特征：大型木质藤本，长约 20m。奇数羽状复叶互生，长 25 ~ 35cm；小叶 8 ~ 9 对，近对生，纸质，长圆形，全缘。总状花序聚集成大型的复合花序，先花后叶；苞片大，膜质，卵状椭圆形；花冠淡紫色，花瓣均近等长，长约 2.5cm。荚果纺锤状长圆形；种子 1 粒，猪肾状，长约 8cm，宽 4.5cm，熟后暗褐色，光滑。花期 2—4 月，果期 9—11 月。

食用部位： 花。

食用方法： 鲜花沸水焯过后用清水浸泡 1 ～ 2 天，捞出用清水漂洗，捏干水分与韭菜、豆豉等同炒，或与蚕豆米一起煮汤。

食疗作用： 清热克疟。

县域分布： 多生长于海拔 1 200 ～ 1 600m 沟谷杂木林中。

采集时间： 3—4 月。

资源特点： 分布范围窄，多生长于岩石、陡坡，攀援高大树木之上，采集十分困难。

食用评述： 口感好，有两千多年食用史，食用安全可靠。

参考资料： 1. 中国科学院昆明植物研究所编著 . 云南植物志 (Vol.10) [M]. 北京：科学出版社 ,2006.6.399.

2. 李学兰、林艳芳主编 . 西双版纳傣族常用药食两用植物 [M]. 昆明：云南科技出版社 ,2020.8.94.

小黄花

别　　名： 清明菜、火草花、妈梅（傣）、拉尼（彝）

原 植 物： 菊科植物鼠麹草 *Gnaphalium affine*

植物特征：二年生草本，高 15 ~ 50cm。茎直立，簇生，不分枝或少有分枝，密生白色茸毛。叶互生，基部叶花期枯萎，下部和中部叶倒卵披针形或匙形，长 2 ~ 7cm，宽 4 ~ 12mm，顶端具小尖，基部渐狭，下延，无叶柄，全缘，两面有灰白色绵毛。头状花序多数，通常在顶端密集成伞房状，总苞球状钟形。瘦果矩圆形，有乳头状突起，冠毛黄白色。

食用部位：嫩茎叶、花序。

食用方法：嫩茎叶和花切碎并舂细（或是晒干碾细备用），加适量白糖及水与糯米粉拌匀，即可蒸制或用油煎食用。

食疗作用：镇咳祛痰、祛风湿。

县域分布：分布于全县海拔 1 000 ~ 1 800m 田埂、荒地、菜园阴湿处。

采集时间：每年冬季、次年春季。

资源特点：近年由于水田多旱作，资源量减少。

食用评述：油煎的糍粑金黄色，又叫黄花粑粑，是新平县的一种特色风味小吃。食用上千年，未见中毒和其他相关的副作用报道。

参考资料：1. 中国科学院植物研究所编著 . 中国高等植物图鉴 (Vol.4)[M]. 北京：科学出版社 ,1975.5.476.

2. 闫丽春、罗艳、施济普主编 . 云南西双版纳特色野生蔬菜 [M]. 北京：商务印书馆 ,2022.9.67.

苦刺花

别　　名： 挖能（傣）、阿则微（彝）

原 植 物： 蝶形花科植物白刺花 *Sophora davidij*

植物特征： 灌木；枝条棕色，近于无毛，具锐刺。羽状复叶长 4 ~ 6cm，具小叶 11 ~ 21；小叶椭圆形或长卵形，先端圆，微凹而具小尖，上面无毛，下面疏生毛；托叶细小，呈针刺状。总状花序生于小枝的顶端，有 6 ~ 12 朵花，花冠白色或蓝白色。荚果长 2.5 ~ 6cm，串珠状，密生白色平状长柔毛，有种子 1 ~ 7 粒。

食用部位： 花。

食用方法： 花用沸水焯后，放入冷水浸泡，其间要经常换水，3 ~ 4 天后，待苦味去除即可用韭菜、豆豉爆炒或煎鸡蛋食用。

食疗作用： 清热解毒、除淋驱虫。

县域分布： 县域元江以东片区海拔 1 200 ~ 1 550m 土层瘠薄山坡。

采集时间： 每年春季。

资源特点： 局部分布，资源量小，采集困难。

食用评述： 苦刺花做菜，入口有一丝清凉，可治疗肺热咳嗽、尿急尿痛等，是新平人比较喜欢食用的野菜之一。食用上千年，未见中毒和其他相关的副作用报道。

参考资料： 1. 中国科学院植物研究所编著 . 中国高等植物图鉴 (Vol.2) [M]. 北京：科学出版社 ,1972.5.358.

2. 新平县民族医药研究学会、新平康茂医院编 . 新平县花腰傣人天然食品食疗保健功效 [M]. 昆明：云南民族出版社 ,2016.7.8.

小雀花

别　　名： 猴若微（彝）

原 植 物： 远志科植物荷苞山桂花 *Polygala arillata*

植物特征： 灌木或小乔木，高 1 ~ 5m。小枝密被短柔毛；芽密被黄褐色毡毛。叶片纸质，椭圆形，长圆状椭圆形或长圆状披针形，长 6.5 ~ 14cm，宽 2 ~ 2.5cm，先端渐尖，基部楔形或钝圆，全缘。总状花序与叶对生，密被短柔毛，长 7 ~ 10cm，果时延长到 25（30）cm。果实肾形或略心形，浆果状，成熟时紫色。花期 5—10 月，果期 6—11 月。

食用部位： 花。

食用方法： 煎鸡蛋或是煮汤食用。

食疗作用： 清热解毒、祛风除湿、补虚消肿。

县域分布： 分布于海拔 1 000 ~ 2 500m 的林下和林缘。

采集时间： 5—10 月。

资源特点： 资源量小，花具观赏性，可作园林观赏植物。

食用评述： 食用上千年，未见中毒和其他相关的副作用报道。

参考资料： 西南林学院、云南省林业厅编著 . 云南树木图志（上）[M]. 昆明：云南科技出版社 ,1988.11.561-562.

灯笼花

别　　名： 野芭蕉、吗格蕊（傣）

原 植 物： 紫草科植物毛束草 *Trichodesma calycosum*

植物特征： 灌木，直立，高 1 ~ 3m，小枝四棱，粗达 6mm，密被短糙伏毛。叶对生，叶片狭椭圆形或椭圆形，长 10 ~ 26cm，宽 3 ~ 9cm，先端渐尖，基部狭楔形，两面密生短糙伏毛；叶柄上部具翅。花组成圆锥花序，顶生，长 10 ~ 28cm，密被锈色短糙伏毛，花序有长梗；花萼钟状；花冠白色。花果期几全年。

食用部位： 花序、嫩茎叶。

食用方法： 鲜花或嫩花序洗净，开水煮 10 分钟左右，清水漂洗，沥干水分，加豆豉等炒食。

食疗作用： 有助消化。

县域分布： 分布于海拔 1 000 ~ 2 000m 的草地、地边、灌丛或林中。

采集时间： 1—2 月。

资源特点： 近年来，由于化学除草剂的广泛使用，资源量正逐渐减少。

食用评述： 已食用上千年，未见不良反应。

参考资料： 1. 中国科学院昆明植物研究所编著 . 云南植物志 (Vol.4)

[M]. 北京：科学出版社,1986.11.691.

2. 闫丽春、罗艳、施济普主编. 云南西双版纳特色野生蔬菜[M]. 北京：商务印书馆,2022.9.73.

棠梨花

别　　名: 妈果刺革（傣）、撒些尼微（彝）

原 植 物: 蔷薇科植物川梨 *Pyrus pashia*

植物特征: 乔木；常有枝刺；小枝圆柱形，幼时有绵状毛。叶片卵形或长卵形，稀椭圆形，先端渐尖或急尖，基部圆形，稀宽楔形，边缘有钝锯齿，幼时具茸毛，后脱落；伞形总状花序，总花梗和花梗均密生茸毛，渐脱落，果期无毛或近无毛；花白色。梨果近球形，直径 1 ~ 1.5cm，褐色，具斑点。

食用部位: 花序。

食用方法: （1）花序用沸水焯后，放入冷水浸泡，其间要经常换水，3 ~ 4 天后，待苦味去除即可用韭菜、豆豉等爆炒食用。

(2) 粮食短缺时期，可将处理过的花序晾干保存，需要时取一定量用水浸泡，淘洗捏干水分后，拌玉米面或是小麦面蒸熟食用。或将淘洗好的米倒入锅中，水开后大概煮 7 ～ 8 分钟，待米煮到还有 1/2 硬心时捞起，拌前者蒸熟食用。

食疗作用： 止血、治痢、解草乌毒。

县域分布： 主要分布于元江以东海拔 1 500 ～ 2 500m 的山谷斜坡或丛林中。

采集时间： 每年春季。

资源特点： 资源量大。

食用评述： 棠梨花是新平县最先上市的山茅野菜，让人最先感受春天的味道，深受彝、汉民族喜爱。

参考资料： 1. 中国科学院植物研究所编著 . 中国高等植物图鉴 (Vol.2)[M]. 北京：科学出版社 ,1972.5.234.

2. 新平县民族医药研究学会、新平康茂医院编 . 新平县花腰傣人天然食品食疗保健功效 [M]. 昆明：云南民族出版社 ,2016.7.10.

虾子花

别　　名： 小红花、美汞（傣）、拜尼勒（彝）

原 植 物： 千屈菜科植物虾子花 *Woodfordia fruticosa*

植物特征： 灌木，高 1.5 ～ 3m；幼枝被短柔毛，后脱落。叶对生，革质，披针形或狭披针形，长 7 ～ 12cm，宽 2 ～ 3cm，上面通常近无毛，下面白色而具微小黑腺点，被短柔毛，近无柄。聚伞花序腋生，圆锥状，花序轴被毛；蒴果狭椭圆形，具多数种子。

食用部位： 鲜花。

食用方法： 将采集的鲜花洗净，先用水煮沸，捞出，漂洗干净，捏干水分后用豆豉、韭菜等炒食。

食疗作用： 能治疗痢疾、肝病、烫伤、痔疮等。

县域分布： 多分布于海拔 1 300m 以下的干热河谷地区。

采集时间： 2—5 月。

资源特点： 资源量大，花期长达 4 个月，是一种兼具食用和观赏价值的植物。

食用评述： 食用上千年，未见中毒和其他相关的副作用报道。

参考资料： 1. 中国科学院植物研究所编著 . 中国高等植物图鉴 (Vol.2)[M]. 北京：科学出版社 ,1972.5.974.

2. 许又凯、刘宏茂编著 . 中国云南热带野生蔬菜 [M]. 北京：科学出版社 ,2002.6.67.

3. 王艳芳、张丽霞、蒋建蓉主编 . 新平县药用植物 [M]. 昆明：云南科技出版社 ,2020.11.191.

小靛花

别　　名：香花、挖斜（傣）、妈歇（傣）、埃奶微（彝）

原 植 物：蝶形花科植物椭圆叶木兰 *Indigofera cassoides*

植物特征：灌木，高 1.5 ~ 2m。幼枝被白色丁字毛。羽状复叶长 5.5 ~ 15cm；叶柄长 1.1 ~ 1.8cm，叶轴上面有槽，均被白色或棕色平贴疏丁字毛；托叶线形，早落；小叶 6 ~ 10 对，对生或近对生，稀互生，椭圆形或倒卵形，长 1 ~ 2.4cm，宽 7 ~ 15mm，先端钝或截形，微凹，具小尖头，基部楔形至圆形，上面无毛，下面灰白色，两面均被白色或下面有棕色平贴的丁字毛，中脉上面微凹，下面隆起。总状花序腋生，长 4 ~ 17cm；总花梗极短，基部有明显宿存的鳞片，花序轴有棱；花冠淡紫色或紫红色。荚果圆柱形，长 2.4 ~ 4.5cm，径约 4mm，劲直，无毛，有种子 8 ~ 12 粒；种子赤色，有光泽，方形。花期 1—3 月，果期 4—6 月。

食用部位：鲜花。

食用方法：将采集的鲜花除去杂质，用沸水焯过后捞出，清水浸泡。食用时捞出捏干水分，用豆豉、韭菜炒食，也可煎鸡蛋食用。

食疗作用： 清热解毒、舒肝解郁。

县域分布： 多分布于海拔 1 300m 以下干热河谷地区山坡、薄丛、草地及疏林。

采集时间： 1—3 月。

资源特点： 有一定资源量，兼具食用和观赏价值，有开发前景。

食用评述： 口味韧脆清甜，是新平人喜食野菜之一。

参考资料： 1. 中国科学院昆明植物研究所编著 . 云南植物志 (Vol.10) [M]. 北京：科学出版社 ,2006.6.468.

2. 新平县民族医药研究学会、新平康茂医院编 . 新平县花腰傣人天然食品食疗保健功效 [M]. 昆明：云南民族出版社 ,2016.7.20.

棕　花

别　　名： 棕苞、顿跳（傣）、些白（彝）

原 植 物： 棕榈科植物棕榈 *Trachycarpus fortunei*

植物特征： 乔木，高可达 15m；茎有残存不易脱落的老叶柄基部。

叶掌状深裂，直径50～70cm，裂片多数，条形，宽1.5～3cm，坚硬。叶柄细长，顶端有小戟突；叶鞘纤维质，网状，暗棕色，宿存。肉穗花序排成圆锥花序式，腋生，总苞多数，革质，被锈色茸毛，花小，黄白色，雌雄异株。核果肾状球形，直径约1cm，蓝黑色。

食用部位：花蕾、棕树头。

食用方法：（1）花序直接用于炓猪脚、猪排骨等肉食；或用沸水焯后捏碎炒肉或炒豆豉。

（2）棕树头削去外皮，幼嫩部分切块炖腊肉（鸡、猪排骨），是有名的山珍。

食疗作用：清热凉血、止血。

县域分布：多种植于海拔1 500～2 000m的田埂地角。

采集时间：花蕾采集时间为春季；棕树头的砍伐时间是11月至次年2月。

资源特点：有一定资源量，由于棕片无人收购，开始流行吃棕头，资源破坏严重，近来有所缓解。

食用评述：花蕾及棕树头做菜，其味苦凉，口感清香，可用于治疗妇女月经不调和不孕症，棕树头可医治神经衰弱、头昏、眩晕、偏头痛等。需要注意的是，花序、棕树头炖肉必须连肉一起放入冷水中炖，若是在沸水中炖，汤会变黑，影响食欲。

参考资料：
1. 中国科学院植物研究所编著．中国高等植物图鉴(Vol.5)[M]. 北京：科学出版社,1976.12.343.

2. 新平县民族医药研究学会、新平康茂医院编．新平县花腰傣人天然食品食疗保健功效[M]. 昆明：云南民族出版社,2016.7.26.

老鸦花

别　　名：老鸦花藤、麻涛敏（傣）、奶得微（彝）

原 植 物：蝶形花科植物白花油麻藤 *Mucuna birdwoodiana*

植物特征：常绿，大型木质藤本。老茎外皮灰褐色，断面淡红褐色，有 3 ～ 4 偏心的同心圆圈，断面先流白汁，2 ～ 3 分钟后有血红色汁液形成；幼茎具纵沟槽，皮孔褐色，凸起，无毛或节间被伏贴毛。托叶早落，羽状复叶具 3 小叶，叶长 17 ～ 30cm，叶柄长 8 ～ 20cm，叶轴长 2 ～ 4cm；小叶近革质。总状花序生于老茎上或生于叶腋，长 20 ～ 38cm，有花 20 ～ 30 朵，花灰白色，常呈束状；苞片卵形，早落；果木质，带形，长 30 ～ 45cm，宽 3.5 ～ 4.5cm，厚 1 ～ 1.5mm，近念珠状。种子 5 ～ 13 颗，深紫黑色，近肾形，常有光泽，种脐为种子周长的 1/2 ～ 3/4。花期 3—6 月，果期 4—11 月。

食用部位：花。

食用方法：鲜花采回后，去除花蕊（因为比较硬），沸水焯后，再用冷水浸泡，其间要经常换水。食用时捞起捏干水分即可炒食或煮蚕豆米吃。

食疗作用：活血化瘀。

县域分布：分布于海拔 1 200 ～ 2 200m 沟谷潮湿处及阳坡灌丛。

采集时间：3—4 月。

资源特点：近年由于生态环境破坏，资源有所减少。

食用评述：采摘时，因其花梗、花萼有毛刺，黏人极痒，须谨慎。此花虽好吃，但长期食用会产生内热、眼屎增多的现象。

参考资料：1. 中国科学院昆明植物研究所编著 . 云南植物志 (Vol.10) [M]. 北京：科学出版社 ,2006.6.590.

2. 新平县民族医药研究学会、新平康茂医院编 . 新平县花腰傣人天然食品食疗保健功效 [M]. 昆明：云南民族出版社 ,2016.7.36.

老白花

别　　名：白花杜鹃、布谷花、米得微（彝）

原 植 物：杜鹃花科植物滇南杜鹃 *Rhododendron hancockii*

植物特征：常绿灌木，高 1 ～ 1.5m，偶为乔木，高 8 ~ 13m，全植株不被鳞片；分枝细长，幼枝褐色，不被毛，老枝灰色。叶聚生幼枝顶，4 ~ 5 片近似轮生状，革质或薄革质，长椭圆形、倒卵状披针形、长圆形或椭圆形，长 7.5 ~ 15cm，宽 2.5 ~ 6cm，顶端锐尖或短渐尖，基部楔形渐狭，两面无毛，中脉在上面下陷，在下面隆起，侧脉 12 对以上，在两面均不显或在下面隆起；叶柄长 0.8 ~ 1.5cm，无毛。花序 2 ~ 3 个或 1 个生于枝顶叶腋，每花序有花 1 或 2 朵；花梗稍粗壮；花冠白色，上方 1 裂片内有黄斑，漏斗状。蒴果细长，密被短的粗毛，果爿肋状凸出，顶端变细呈喙状。

食用部位：花冠。

食用方法：采集的花去除花萼、雌雄蕊，沸水焯后置冷水浸泡，漂洗除去涩味，用蚕豆米煮汤或用韭菜、豆豉爆炒。

食疗作用：治疗腹泻、脱肛和虚脱。

县域分布：生长于海拔 1 700 ~ 2 500m 的向阳山坡灌丛中或岩石陡坡上。

采集时间：4—5 月。

资源特点：资源量大，但采集困难。

食用评述：老白花做菜口感好，有清香味，是制作“百花宴”的主打菜之一。

参考资料：中国科学院植物研究所编著 . 云南植物志 (Vol.4)[M]. 北京：科学出版社 ,1986.11.545.

刺桐花

别　　名： 小鱼花、美短（傣）、苦除扎（彝）

原 植 物： 蝶形花科植物劲直刺桐 *Erythrina stricta*

植物特征： 落叶乔木，高达12m，小枝粗壮，幼嫩时密被柔毛，以后渐脱落，具多且明显的皮刺。顶生小叶宽卵形，长14 ~ 20cm，宽13 ~ 17cm，先端渐尖，基部宽楔形或平截，上面无毛，下面被柔毛，两侧小叶略小，菱状卵形。总状花序多个，着生于小枝顶部；花红色，旗瓣椭圆形，长约5cm，宽1.8cm，先端钝。荚果带状线形，有数个种子。花期约3月，果期约10月。

食用部位： 花。

食用方法： 花用沸水焯后捞起捏干水分炒食、煮汤，或是晾干后同猪血一同腌制，食用时从罐中取出蒸熟即可。

食疗作用： 滋阴、清热解毒。

县域分布： 分布于海拔1 400m以下土壤肥沃、排水良好的疏林或林缘。

采集时间： 3月。

资源特点： 局部分布，花色艳丽，可同时作为优良观赏植物加以利用。

食用评述： 食用有上千年历史，是地道的傣家风味菜，未发现有毒副作用。

参考资料： 1. 西南林学院、云南省林业厅编著 . 云南树木图志（下）[M]. 昆明：云南科技出版社 ,1991.6.411.

2. 新平县民族医药研究学会、新平康茂医院编 . 新平县花腰傣人天然食品食疗保健功效 [M]. 昆明：云南民族出版社 ,2016.7.16.

羊蹄花

别　　名： 大白花、羊蹄甲、夜合花、美冬邓（傣）、埃七白扎（彝）

原 植 物： 苏木科植物白花容粉羊蹄甲 *Bauhinia variegata*

植物特征： 落叶乔木，高达 5 ～ 8m；树皮暗褐色，近无毛，幼枝被灰色短柔毛。叶近革质，广卵形至近圆形，长 7 ～ 9cm，宽 9 ～ 11cm，先端 2 裂至叶长 1/3，裂片先端钝圆，基部浅心形至截形，叶面无毛，背面稍被短柔毛，基出脉 9 ～ 13 条；叶柄长 2.5 ～ 3.5cm，被毛或近无毛。花序总状或伞房状，顶生或侧生，花少，总花梗短而粗；花蕾纺锤形；花大，花瓣白色，近轴的一片或有时全部花瓣杂以淡黄色的斑块，无退化雄蕊。荚果带状，扁平、无毛，黑褐色，先端有喙。种子 10 ～ 15 粒，近圆形，扁平，褐色。

食用部位： 花。

食用方法： 花用沸水焯过，放入冷水浸泡 1 ～ 2 天，漂洗捏干水分后与豆豉、韭菜等炒食，或是与蚕豆米、猪肉等炖汤。

食疗作用： 消炎、解热润肺。

县域分布： 多生于海拔 1 500m 以下河谷两岸疏林、林缘。

采集时间： 3—4 月。

资源特点： 有一定资源量，花艳丽芳香，可同时作为优良观赏植物及蜜源植物加以利用。树干通直，分枝高，较难采摘到，常捡花食用。

食用评述： 口味佳，民间用于治疗腹痛腹泻、咳嗽，但便秘者不宜多食。

参考资料： 中国科学院植物研究所编著 . 云南植物志 (Vol.8)[M]. 北京：科学出版社 ,1997.11.424-426.

木通花

别　　名： 灯笼花、老粗糠花、咪节来（彝）

原 植 物： 毛茛科植物小木通 *Clematis armandii*

植物特征： 木质藤本。枝被短柔毛或变无毛。叶为三出复叶；小叶革质，狭卵形、椭圆状卵形或卵形，长 4 ~ 13cm，宽 2.6 ~ 5cm，顶端渐尖，基部圆形、浅心形或宽楔形，边缘全缘，两面无毛，基出脉背面稍隆起；叶柄长 4 ~ 9cm。聚伞花序自老枝的腋芽生出，通常具多数花，呈圆锥状，有短或长花序梗；苞片狭长圆形；萼片 4，开展，白色。瘦果狭卵形，有柔毛。花期 2—3 月。

食用部位： 花及花序。

食用方法： 鲜花用沸水焯过，放入冷水中略加浸泡，即可漂洗捏干水分后用韭菜、豆豉素炒，也可炒肉食用。

食疗作用： 活血化瘀、渗湿利水。

县域分布： 生于海拔 1 200 ~ 1 700m 河边林缘。

采集时间： 2—3 月。

资源特点： 有一定资源量，零星分布。花艳丽芳香，可同时作为优良观赏植物及蜜源植物加以利用。

食用评述： 民间食用上百年，可安全食用，但便秘者不宜多食。

参考资料： 1. 中国科学院昆明植物研究所编著 . 云南植物志 (Vol.11)[M]. 北京 : 科学出版社 ,2000.9.226.

2. 新平县民族医药研究学会、新平康茂医院编 . 新平县花腰傣人天然食品食疗保健功效 [M]. 昆明 : 云南民族出版社 ,2016.7.24.

马豆草

别　　名： 救荒野豌豆、莫母得勒（彝）

原 植 物： 蝶形花科植物救荒野豌豆 *Vicia sativa*

植物特征： 一年生或二年生草本，高20～50cm。茎细弱，有棱，被短柔毛或近无毛。偶数羽状复叶，具8～16枚小叶，叶轴末端具分枝的卷须；托叶半箭头状，常具1～3个披针状的锯齿或裂片；小叶椭圆形至长圆形或倒卵形，基部楔形，先端截形或微凹，具小尖头，全缘，两面疏被黄色短柔毛。花1～2朵腋生，花萼筒状，被短柔毛；花冠紫红色；荚果稍扁压，棕色，近无毛，具6～9粒种子，球形。花期3—6月，果期5—7月。

食用部位： 嫩茎叶、花。

食用方法： 花可炒韭菜、煎鸡蛋食用；嫩茎叶用于煮汤。

食疗作用： 清热利湿、活血化瘀。

县域分布： 生于海拔1 000～2 600m菜地、稻田中。

采集时间： 11月至次年2月。

资源特点： 资源丰富，为优良牧草及绿肥。

食用评述： 嫩茎叶煮汤有回甜味，全草药用，种子可做抗肿瘤药。

参考资料： 1. 中国科学院昆明植物研究所编著 . 云南植物志 (Vol.10)[M]. 北京：科学出版社 ,2006.6.766-768.

2. 云南省药物研究所编著 . 云南天然药物图鉴 (Vol.2)[M]. 昆明：云南科技出版社 ,2007.5.62.

羊角藤

别　　名： 排排果、喃木（傣）、尼赤来微（彝）

原 植 物： 萝藦科植物古钩藤 *Cryptolepis buchananii*

植物特征： 木质藤本，有乳汁；茎皮红褐色，有斑点；小枝灰绿色，无毛。叶纸质，长圆形或椭圆形，长 8 ~ 10cm，宽 4.5 ~ 7.5cm，顶端圆形，有小尖头，基部阔楔形，叶背苍白色，两面无毛，侧脉每边约 30 条，近水平射出。聚伞花序腋生，比叶短；花蕾长圆形，顶端尾状渐尖，旋转。萼片阔卵形，花冠黄白色；雄蕊着生于花冠中部，离生。蓇葖果双生，叉开成一直线，长圆状，长 6.5 ~ 8cm，直径 1 ~ 2cm，无毛。种子阔卵形，顶端种毛长 3.5cm。花期 3—8 月，果期 6—12 月。

食用部位： 花。

食用方法： 采回的花用沸水焯过，清水浸泡后，或素炒、或荤炒、或煎鸡蛋食用。

食疗作用：花具有消肿块的作用，民间也常作为癌症患者的食疗菜肴。

县域分布：生于海拔 1 500m 以下山地疏林、林缘及田边地角。

采集时间：盛夏。

资源特点：野生资源丰富。

食用评述：花做菜，味苦凉、甜脆。加工炮制过的藤、叶在民族医药中常被用于治疗咽峡炎、腮腺炎、淋巴结肿大和尿路感染，也有一定的保健功效。另外，腮腺炎及淋巴结肿大，用其浆液外擦，有一定疗效。

参考资料：1. 中国科学院昆明植物研究所编著 . 云南植物志 (Vol.3) [M]. 北京：科学出版社 ,1983.6.566.

2. 新平县民族医药研究学会、新平县康茂医院编 . 新平县花腰傣人天然食品的食疗保健功效［M］. 昆明：云南民族出版社 ,2016.7.40.

石榴花

别　　名：蒙整（傣）、月那（彝）

原 植 物：安石榴科植物石榴 *Punica granatum*

植物特征：灌木或小乔木，高达 7m；树皮粗糙，黄褐色。小枝四棱形，无毛。叶对生或簇生，长圆形、长圆披针形或倒卵形，长 2 ~ 3cm，宽 1 ~ 2cm，先端急尖，全缘，上面有光泽，两面无毛，无托叶。花单生叶腋或生枝顶，具短梗，通常红色多皱。浆果近球形，直径 4 ~ 8cm，果皮厚革质，萼片宿存；种子坚硬，有棱角。

食用部位： 萼片。

食用方法： 盛夏时节，将落到地上的花朵收集，用刀取下萼片，沸水焯过后，再用清水浸泡 2 ~ 3 天，充分去除涩味，即可捞起炒韭菜、豆豉或是煮肉食用。

食疗作用： 清热解毒、收敛。

县域分布： 人工种植于海拔 1 800m 以下区域。

采集时间： 4—5 月。

资源特点： 是石榴种植的副产品，充分利用可增加种植户的收益。

食用评述： 口味佳，脆嫩香兼具。去除涩味的萼片，充分沥干水分后，装入保鲜膜，放入冰箱冷藏，可保存一年以上。

参考资料： 西南林学院、云南省林业厅编著 . 云南树木图志（上）[M]. 昆明：云南科技出版社 ,1988.11.582.

木芙蓉

别　　名： 芙蓉花

原 植 物： 锦葵科植物木芙蓉 *Hibiscus mutabilis*

植物特征： 灌木或小乔木，高 2 ~ 5m，茎具星状毛及短柔毛。叶卵圆状心形，直径 10 ~ 15cm，常 5 ~ 7 裂，裂片三角形，边缘钝齿，两面均具星状毛，主脉 7 ~ 11 条；叶柄长 5 ~ 20cm。花单生枝端叶腋，花梗长 5 ~ 8cm，近端有节，小苞片 8，条形，长 10 ~ 16mm，萼钟形，长 2 ~ 3cm，5 裂；花冠先白色，后变为淡红色至深红色，直径 8cm。蒴果扁球形，直径约 2.5cm，被黄色刚毛及绵毛，果瓣 5。种子多数。

食用部位： 花。

食用方法： 炒食。

食疗作用： 清肺凉血、消肿排脓、止血。

县域分布： 人工少量种植于房前屋后，公园。

采集时间： 8—10 月。

资源特点： 木本花卉，目前多栽培用于观赏。花瓣大，有一定资源量。

食用评述： 食用口感好，是一种很有开发前景的观赏性食用花卉。

参考资料： 1. 西南林学院、云南省林业厅编著 . 云南树木图志（中）[M]. 昆明：云南科技出版社 ,1991.6.242.

2. 许又凯、刘宏茂编著 . 中国云南热带野生蔬菜 [M]. 北京：科学出版社 ,2002.68.

3. 关佩聪、刘厚诚、罗冠英主编 . 中国野生蔬菜资源 [M]. 广州：广东科技出版社 ,2013.11.393.

木　槿

别　　名： 夜合花

原 植 物： 锦葵科植物木槿 *Hibiscus syriacus*

植物特征： 落叶灌木，高 2 ~ 4m。小枝密被星状茸毛。叶棱形至三角状卵形，长 3 ~ 10cm，宽 2 ~ 4cm，常 3 裂或不裂，先端钝，基部楔形，边缘具不整齐齿，下面沿叶脉被毛或近无毛；叶柄被星状柔毛；托叶线形；小苞片 6 ~ 8，线形，被星状毛；花萼钟形，密被星状短柔毛；花冠钟形，淡紫色，直径 5 ~ 6cm，花瓣倒卵形，长 3.5 ~ 4.5cm，外面疏被纤毛和星状长柔毛；蒴果卵圆形，密被黄色

星状柔毛。种子肾形，背部被黄白色长柔毛。

食用部位： 花、嫩茎叶。

食用方法： 将嫩茎叶沸水焯过，用清水漂洗干净，挤去水分后炒食。花瓣可用于做汤、做炒菜的配料，叶可制茶。

食疗作用： 清热解毒、消肿。

县域分布： 人工少量种植于房前屋后及公园。

采集时间： 嫩茎叶春季采摘；花夏、秋季采摘。

资源特点： 目前多栽培用于观赏，有很大的发展空间，是一种很有开发前景的观赏性食用花卉。

食用评述： 食用口感佳。花瓣还可用于煮粥，口感滑润、味道鲜香，风味独特。

参考资料： 1. 西南林学院、云南省林业厅编著 . 云南树木图志（中）[M]. 昆明：云南科技出版社 ,1991.6.242.

2. 许又凯、刘宏茂编著 . 中国云南热带野生蔬菜 [M]. 北京：科学出版社 ,2002.70.

3. 关佩聪、刘厚诚、罗冠英主编 . 中国野生蔬菜资源 [M]. 广州：广东科技出版社 ,2013.11.393.

04

根茎类蔬菜

野　葛

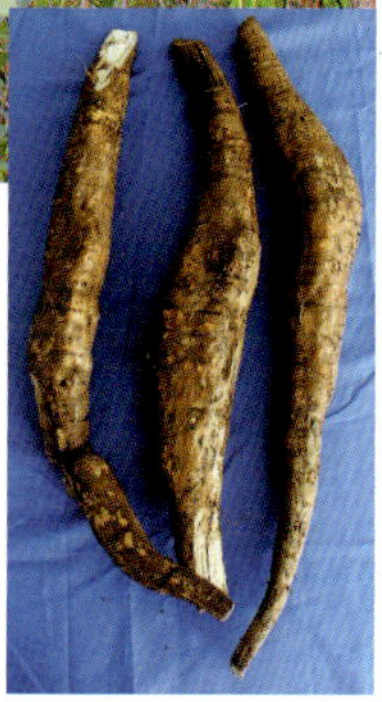

别　　名： 葛根、葛藤、偷余（傣）、彻能瓜（彝）

原 植 物： 蝶形花科植物葛 *Pueraria montana* var. *lobata*

植物特征： 藤本；块根肥厚；各部有黄色长硬毛。小叶5，顶生小叶菱状卵形，长5.5 ~ 19cm，宽4.5 ~ 18cm，先端渐尖，基部圆形，有时浅裂，下面有粉霜，两面有毛。侧生小叶宽卵形，有时有裂片，基部斜卵形；托叶盾形，小托叶针状。总状花序腋生，花密；花冠紫红色；荚果长条形，长5 ~ 10cm，扁平，密生黄色长硬毛。

食用部位： 块根。

食用方法：（1）泡酒：切片晒干后，用50°以上粮食酒浸泡饮用。

（2）蒸食：将葛根洗净，切成3 ~ 5cm的小段，蒸熟食用。

（3）煎水：将洗净的葛根切片煎水，久煮，饮用其汁液，亦可食用葛根。

（4）加工淀粉：将葛根磨细、过滤，沉淀后的淀粉可加工成多种食品。

食疗作用： 清热解毒、生津止渴、发表透疹、升阳止泻。

县域分布： 分布于海拔1 700米以下山坡草丛及林缘较湿润的地方。

采集时间： 8—10 月。

资源特点： 分布广，资源量大。

食用评述： 常食葛根，可辅助治疗高血压、糖尿病、腹泻、痢疾等；秋季采花晒干，煮水服用，可解酒、止渴。

参考资料： 1. 许又凯、刘宏茂编著 . 中国云南热带野生蔬菜 [M]. 北京 : 科学出版社 ,2002.6.227 ～ 228.

2. 中国科学院植物研究所编著 . 中国高等植物图鉴 (Vol.2)[M]. 北京 : 科学出版社 ,1972.5.502.

马尾根

别　　名： 节节高、微波莫们着特（彝）

原 植 物： 百合科植物滇黄精 *Polygonatum kinglanum*

植物特征： 根状茎肥厚，近圆柱形或连珠状，结节有时作不规则菱状，直径 1 ～ 3cm。茎高 1 ～ 3m，顶部作攀援状。叶轮生，每轮

3 ~ 10枚，条形、条状披针形至披针形，长6 ~ 20（25）cm，宽3 ~ 30mm，顶端拳卷。花序腋生，具（1）2 ~ 4（6）花，俯垂，花被粉红色，合生成筒状，全长18 ~ 25mm。浆果直径1 ~ 1.5cm，熟时红色。

食用部位：根状茎。

食用方法：洗净切片晒干后备用或鲜用，可炖肉、煲汤、煮粥、泡酒。

食疗作用：补气养阴、健脾、润肺、益肾。

县域分布：生于海拔1 500 ~ 2 500m林下、灌丛或阴湿草坡。

采集时间：11月至次年1月。

资源特点：由于大量采挖，野生种群数量日益减少，已开始人工培育苗木，小规模种植。

食用评述：食用滇黄精，可有利于脾胃虚弱、体倦乏力、口干食少、肺虚燥咳、精血不足、内热消渴的治疗。

参考资料：1. 中国科学院植物研究所编著．中国高等植物图鉴(Vol.5)[M]. 北京：科学出版社,1976.12.508.

2. 云南省药物研究所编著．云南天然药物图鉴(Vol.1)[M]. 昆明：云南科技出版社,2004.5.429.

大黄精

别　　名： 微波莫们着特（彝）

原 植 物： 百合科植物卷叶黄精 *Polygonatum cirrhifolium*

植物特征： 根状茎肥厚圆柱形或连珠状。植株直径 1 ～ 2cm，高 30 ～ 90cm。叶大部分为 3 ～ 6 枚轮生，细条形至条状披针形，稀矩圆状披针形，长 4 ～ 9（12）cm，宽 2 ～ 8（15）mm，先端拳卷或弯曲成钩状。花序腋生，通常具 2 花，俯垂。苞片微小或不存在，通常位于花梗上；花被淡紫色，合生成筒状；裂片 6；雄蕊 6，花丝着生近花被筒中部；子房长约 2.5mm，具约等长的花柱。浆果直径 8 ～ 9mm，熟时红色或紫红色。

食用部位： 根状茎。

食用方法： 洗净切片晒干后备用或鲜用，可炖肉、煲汤、煮粥、泡酒。

食疗作用： 润肺养阴、健脾益气、祛痰止血、消肿、解毒。

县域分布： 外地引进品种，海拔 1 500m 以上地区多有种植。

采集时间： 11 月至次年 1 月。

资源特点： 由于市场价格较好，种植规模逐年扩大。

食用评述：食用卷叶黄精，可治疗精髓内亏、衰弱无力、心烦、咽干口渴、虚劳咳嗽等疾病。

参考资料：1. 中国科学院植物研究所编著 . 中国高等植物图鉴 (Vol.5)[M]. 北京：科学出版社 ,1976.12.507.

2. 云南省药物研究所编著 . 云南天然药物图鉴 (Vol.3)[M]. 昆明：云南科技出版社 ,2008.6.288.

何首乌

别　　名：夜交藤、窝棚宋（傣）、阿奶能瓜（彝）

原 植 物：蓼科植物何首乌 *Polygonum multiflorum*

植物特征：多年生草本。茎缠绕，中空，多分枝，基部木质化。叶有叶柄；叶片卵形，长 5 ~ 7cm，宽 3 ~ 5cm，顶端渐尖，基部心形，两面无毛，托叶鞘短筒状，膜质。花小，白色。花序圆锥状，大而开展，顶生或腋生；瘦果椭圆形，有三棱，光滑，黑色，有光泽。

食用部位： 块根、嫩茎叶。

食用方法：（1）嫩茎叶沸水焯后凉拌食用。

（2）块根洗净后切片煮猪脚、煮鸡等食用；也可切片晒干后备用。

（3）切片晒干后，用 50° 以上粮食酒浸泡饮用。食疗作用：安神、养血、活络、解毒。

县域分布： 全县海拔 1 800m 以下的山谷灌丛、山坡林下、沟边石隙。

采集时间： 嫩茎叶：4—8 月；块根：秋末冬初。

资源特点： 随着生态环境的改变，资源量呈减少趋势。

食用评述： 研究表明，块根具有降血脂、抗动脉粥样硬化、增强免疫功能、延缓衰老、保肝、抗菌等作用。藤茎具有镇静催眠及降脂作用。

参考资料： 1. 中国科学院植物研究所编著 . 中国高等植物图鉴 (Vol.1)[M]. 北京 : 科学出版社 ,1974.8.567.

2. 临沧市农业环境保护监测站编 . 临沧野生蔬菜 [M]. 昆明 : 云南科技出版社 ,2018.5.21.

3. 云南省药物研究所编著 . 云南天然药物图鉴 (Vol.1)[M]. 昆明 : 云南科技出版社 ,2004.5.202.

鸡刺根

别　　名： 大蓟、也莫泽则（彝）

原 植 物： 菊科植物总状蓟 *Cirsum botryodes*

植物特征： 多年生草本，高约 1m。茎直立，具条纹，密被蛛丝状柔毛，上部分枝。茎生叶矩圆形或披针状矩圆形，顶端长渐尖，无柄，基部半抱茎，羽状深裂，裂片条形或披针状条形。头状花序 1 ~ 3 个集生于枝端，无梗，球形，长约 3cm，宽 3 ~ 4cm；总苞片稍被蛛丝状毛，外层和中层总苞片披针形，顶端具刺，内层总苞片条形，顶端略扩展，近干膜质，花冠紫色。瘦果长椭圆形；冠毛污白色羽状，比花冠略短，顶端棒状。

食用部位： 块根。

食用方法： 刮去表皮洗净，切成小段炖肉食用。

食疗作用： 块根有补益、凉血止血、化瘀消肿的功效；地上部分有降压、抗菌等作用。民间用文火将鸡蛋黄炒出油，倒入事先用块根煨好的药水，待沸腾冷却后用于擦洗烫（烧）伤部位，治疗效果很好。

县域分布： 生于海拔 1 600 ~ 2 400m 荒地、杂草丛中。

采集时间： 11 月至次年 1 月。

资源特点： 近年，由于化学除草剂的滥用，资源锐减。

食用评述： 块根炖肉，口感好，有糯米的清香，并伴有淡淡的蜂蜜香。

参考资料： 中国科学院植物研究所主编 . 中国高等植物图鉴 (Vol.4) [M]. 北京 : 科学出版社 ,1975.5.513.

野山药

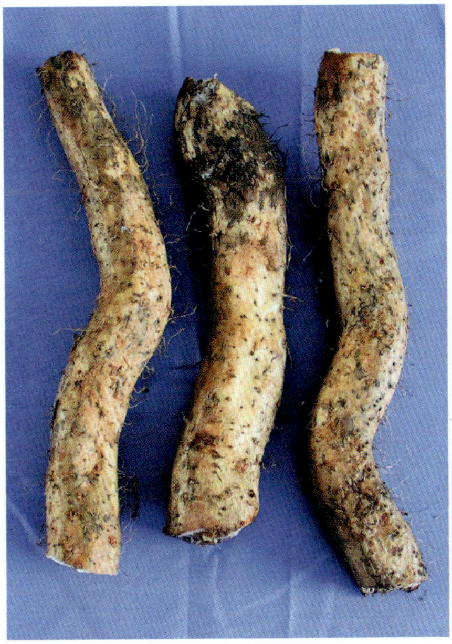

别　　名： 我门来（傣）、能瓜（彝）

原 植 物： 薯蓣科植物日本薯蓣 *Dioscorea polystachya*

植物特征： 缠绕藤本，块茎圆柱形，垂直生长，直径 3cm 左右，表面棕黄色，断面白色。茎细长，光滑无毛。单叶互生，叶腋间常生有大小不等各种形状的珠芽，中部以上叶对生，叶片长椭圆状狭三角形，顶端锐尖，基部心形，长 5 ~ 10cm，宽 2 ~ 5cm，两面无毛。雄花序穗状，直立；雌花序穗状下垂。蒴果肾形，种子广卵形，着生于果实每室中央，四周有薄膜状翅。

食用部位： 块茎。

食用方法： 刮去外表皮后，洗净切成小段煮汤，用猪排骨（骨头）

煮汤更佳。

食疗作用： 健脾、补肺、益精、固肾。

县域分布： 分布于海拔 1 300 ~ 2 500m 向阳灌丛或林下。

采集时间： 每年冬季。

资源特点： 由于口感好，近年无节制采挖，市场价格越来越高，资源量逐年减少。块茎入土较深，多生长于有石头的地方，采挖十分困难，有人尝试人工栽培成功。

食用评述： 可用于脾虚厌食、消化不良、肠炎、久泻不止、肺虚喘咳、肾虚遗精、带下病、糖尿病、尿频、虚热消渴的辅助治疗。

参考资料： 1. 中国科学院植物研究所编著 . 中国高等植物图鉴 (Vol.5)[M]. 北京：科学出版社 ,1976.12.567.

2. 新平县民族医药研究学会、新平康茂医院编 . 新平县花腰傣人天然食品食疗保健功效 [M]. 昆明：云南民族出版社 .2016.7.102.

3. 云南省药物研究所编著 . 云南天然药物图鉴 (Vol.5)[M]. 昆明：云南科技出版社 ,2012.12.86.

黏渣渣

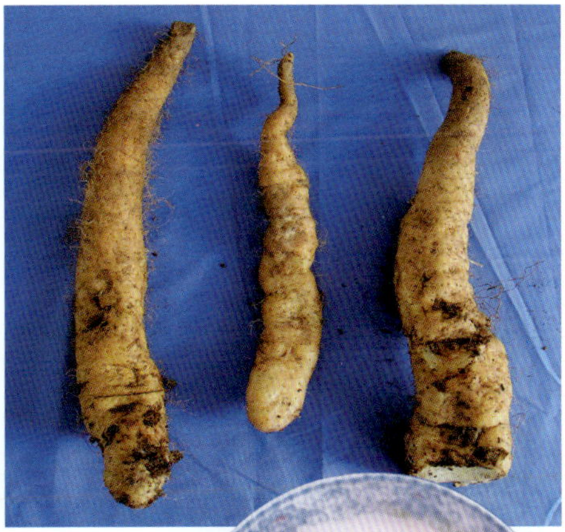

别　　名： 黏山药、埃微（彝）

原 植 物： 薯蓣科植物黏山药 *Dioscorea hemsleyi*

植物特征： 草质缠绕藤本，块茎圆柱形，垂直生长，新鲜时断面富黏滞性。茎右旋，有毛，很少无毛。叶片卵状心脏形，顶端尾状，上面光滑或有曲柔毛，下面密被白色曲柔毛或近乎无毛。花雌雄异株，雄花棕红色；雌花序穗状。蒴果翅长约20mm，宽4 ~ 6mm；种子扁平，着生于果实每室的基部，上方具斧头状的宽翅。

食用部位： 块茎。

食用方法： 刮去外表皮后，洗净切成小段炖排骨食用。鲜品磨细加工成黏渣渣豆腐炒腌菜或油煎食用，也可凉拌、煮汤食用，特别是煮蚕豆米，味道更佳。

食疗作用： 健脾、补肺、益精、固肾、滑肠排毒。

县域分布： 分布于海拔1 300 ~ 2 500m山坡或沟谷松栎林、灌丛及草地。

采集时间： 每年冬季。

资源特点： 资源量不大，采挖困难。

食用评述：黏渣渣炖猪排骨，滑腻清甜可口。黏渣渣豆腐俗称“黏渣渣魔芋”，粮食短缺时期，切成丁，沸水焯过后用玉米面拌匀蒸熟食用，又叫“魔芋饭”。在当时算不了什么，在今天是不可多得的杂粮饭。

参考资料：1. 中国科学院植物研究所编著．中国高等植物图鉴(Vol.5)[M]. 北京：科学出版社,1976.12.562.

2. 新平县民族医药研究学会、新平康茂医院编．新平县花腰傣人天然食品食疗保健功效[M]. 昆明：云南民族出版社,2016.7.104.

大韭菜

别　　名：宽叶韭、扁扁竜（傣）、尼扎白（彝）

原 植 物：石蒜科植物宽叶韭 *Allium hookeri*

植物特征：草本，具根状茎和粗壮的根。鳞茎柱形，鳞茎外皮膜质。花葶略呈三棱状，高（10）20 ~ 60cm。叶基生，条形，比花葶短，宽 5 ~ 10mm，中脉明显。伞形花序近球形，多花；花梗纤细，等长，长 1 ~ 2cm，无苞片；花星状展开，白色；子房倒卵状球形，基部收狭，外壁光滑，每室具 1 枚胚珠。

食用部位：鳞茎、根和叶。

食用方法：根、叶可素炒、荤炒；鳞茎、根可腌制成腌菜食用。

食疗作用：理气宽中、通阳散结、消肿止痛。

县域分布：栽培于海拔 1 500 ~ 2 000m 地区。

采集时间：11 月至次年 2 月。

资源特点：多数零星种植，也有农户小规模种植出售。

食用评述：大韭菜不论炒食还是腌食，食用口感均好，能兼治衄血、瘀血、跌打损伤等。

参考资料：中国科学院昆明植物研究所编著．云南植物志 (Vol.8) [M]. 北京：科学出版社 ,1997.11.677.

小红参

别　　名：红葱、我婆我亮（傣）、树白能（彝）

原 植 物：鸢尾科植物红葱 *Eleutherine plicata*

植物特征： 多年生草本。鳞茎卵圆形，长约5cm，直径约2.5cm，无苞被，鳞片肥厚，紫红色。根柔嫩，黄褐色。叶片宽条形或披针形，长25 ~ 40cm，宽1.2 ~ 2cm，基部楔形，先端渐尖，4 ~ 5条主脉平行而突出，有明显的皱褶。花茎高30 ~ 42cm，上部有3 ~ 5个分枝，分枝处生有叶状的苞片。伞形花序生于分枝顶端，花下苞片2，卵形，膜质，花白色，花被片6。子房长椭圆形，3室。

食用部位： 鳞茎。

食用方法： 与排骨、猪蹄、鸡肉等肉类炖熟食用。

食疗作用： 补血活血、止痛。

县域分布： 栽培于海拔2 000m以下，并常遗为半野生。

采集时间： 11月至次年2月。

资源特点： 人工少量种植。

食用评述： 用肉类炖食，口味佳。傣族用煮鳞茎的水来煮鸡蛋食用，俗称“小红蛋”，代表喜庆。现代研究表明，小红参能显著增加冠状动脉血流量；民间认为用小红参鳞茎泡酒口服有增强体力的作用。

参考资料：
1. 中国科学院昆明植物研究所编著 . 云南植物志(Vol.5)[M]. 北京：科学出版社 ,1991.5.727.

2. 李学兰、林艳芳主编 . 西双版纳傣族常用药食两用植物[M]. 昆明：云南科技出版社 ,2020.8.20.

3. 云南省药物研究所编著 . 云南天然药物图鉴(Vol.2)[M]. 昆明：云南科技出版社 ,2007.5.211.

05

果类蔬菜

牛肚子果

别　　名： 没猪立（傣）、努比白（彝）

原 植 物： 萝藦科植物翅果藤 *Myriopteron extensum*

植物特征： 木质藤本，长达10m，具乳汁；茎、秆无毛。叶对生，膜质，卵形至卵状椭圆形或宽卵形，长8～18cm，宽4～11cm，顶端急尖或圆，具短尖，基部圆形，两面均被短柔毛，下面毛较密，侧脉弧曲上升。花小，白绿色，组成疏散圆锥状的腋生聚伞花序。蓇葖果矩圆状，基部膨大，外果皮具很多膜质的翅，种子顶端具白绢质的种毛。

食用部位： 外果皮。

食用方法：（1）果实切半，去除种子后，将剩下的外果皮切片，按自己的口味放佐料凉拌或爆炒。

（2）去掉种子的外果皮，用食盐、辣椒面腌制食用。

食疗作用： 治疗感冒、咳嗽、月经过多等。

县域分布： 主要生长于海拔1 400m以下阳坡疏林或灌丛中。

采集时间： 秋末冬初。

资源特点： 资源量小，分散，有少量人工种植，但普遍结果较少，估计是水肥过剩的缘故。

食用评述：傣族食用多年，后来汉、彝民族尝试食用，无毒副作用报道。

参考资料：中国科学院植物研究所编著 . 中国高等植物图鉴 (Vol.3) [M]. 北京：科学出版社 ,1974.8.464.

酸　角

别　　名：门憨（傣）、纠比（彝）

原 植 物：苏木科植物酸豆 *Tamaridus indica*

植物特征：大乔木。树皮灰褐色，纵裂，幼时灰黄色。小枝无毛，略平展。小叶 7 ~ 20 对，对生，长圆形，先端圆形或微凹，基部圆形或微偏斜，两面无毛；柄极短。总状花序顶生或腋生。荚果长 5 ~ 10cm 或略长，略四棱形，略扁，有种子 4 ~ 9，种子暗褐色，光滑，扁平。

食用部位：果肉、嫩茎叶。

食用方法：（1）果肉：当水果直接食用；泡水作酸醋使用；用糖水熬成糖稀食用。

（2）嫩茎叶：煮汤；切细后炒牛肉。

食疗作用： 开胃消食、润肠通便。

县域分布： 主要生长于海拔 1 000m 以下干热河谷地区村寨旁、路边。

采集时间： 早春。

资源特点： 零星分布于村寨附近。云南猫哆哩公司在新平县漠沙镇承包土地种植 210.7hm^2 酸角作原料基地，已开始挂果，并建成 4hm^2 种质资源圃，拥有种质资源 230 份，为下一步规模发展打下坚实的物质基础。

食用评述： 酸角还可加工成糕点和饮料，很有开发前景。果肉泡水可当酸醋使用，是天然酸味剂。

参考资料： 1. 李学兰、林艳芳主编 . 西双版纳傣族常用药食两用植物 [M]. 昆明：云南科技出版社 ,2020.8.225.

2. 西南林学院、云南省林业厅编著 . 云南树木图志（下）[M]. 昆明：云南科技出版社 ,1991.6.301.

苦 果

别　　名： 门韩点（傣）、阿着瓜（彝）

原 植 物： 茄科植物刺天茄 *Solanum vilaceuw*

植物特征： 灌木，通常高 1 ~ 1.5m，全株密生分枝具柄的星状茸毛，并生有基部宽扁的淡黄色弯形皮刺。叶卵形，长 5 ~ 11cm，宽 2.5 ~ 8.5cm，顶端钝，基部心形或截形，5 ~ 7 深裂或波状圆裂，两面有星状茸毛，脉上有皮刺。花序蝎尾状，腋外生；花冠辐射状，蓝紫色。浆果球形，成熟时橙黄色，直径约 1cm，宿萼向外反折，有针刺。

食用部位： 果实。

食用方法： 采摘七八成熟的果实，在砧板上用菜刀拍碎，取出种子后用酸菜煮汤或鲜果洗净后素炒。

食疗作用： 解毒消肿、散瘀止痛。

县域分布： 分布于海拔 1 500m 以下路边、荒地，傣族村寨四周有栽培。

采集时间： 全年。

资源特点： 耐干旱，生命力强。

食用评述： 多为傣族食用，特别是煮腌菜酸汤，小苦果不能放太多，酸中有苦，苦中有酸，还有一丝丝回甜味。有轻微毒性，不宜过多食用。

参考资料： 中国科学院植物研究所编著．中国高等植物图鉴(Vol.3)[M]．北京：科学出版社,1974.8.723.

苦子果

别　　名： 水茄、大苦子、门韩竜（傣）、阿着瓜（彝）

原 植 物： 茄科植物水茄 *Solanum torvum*

植物特征： 灌木，高 1 ~ 3m，全株有分枝的尘土色星状毛。小枝有淡黄色的皮刺，皮刺基部宽扁。叶卵形至椭圆形，长 6 ~ 19cm，宽 4 ~ 13cm，顶端尖，基部心形或楔形，偏斜，5 ~ 7 中裂或仅波状，两面密生星状毛。伞房花序，腋外生；花白色，花萼杯状，花冠辐状，直径约 1.5cm，外面有星状毛，雄蕊 5。浆果圆球状，黄色，直径 1 ~ 1.5cm，种子盘状。

食用部位：果实。

食用方法：采摘七成熟左右的果实，在砧板上用菜刀拍碎，取出种子后用酸菜煮汤或鲜果洗净后素炒。

食疗作用：清热解毒。

县域分布：分布于海拔 1 500m 以下路边、荒地、河滩、田边地角。傣族村寨四周有栽培。

采集时间：全年。

资源特点：分布区域广，种群数量较多。

食用评述：多为傣族食用，无毒副作用报道。

参考资料：中国科学院植物研究所编著．中国高等植物图鉴(Vol.3)[M]. 北京：科学出版社,1974.8.723.

芒 果

别　　名：妈蒙（傣）、麻母（彝）

原 植 物：漆树科植物芒果 *Mangifera indica*

植物特征：常绿大乔木。小枝无毛。叶革质或薄革质，常集生枝顶，长圆形或长圆状披针形，长 12 ~ 30cm，宽 3.5 ~ 6.5cm，先端渐尖，长渐尖或急尖，基部楔形或宽楔形，全缘，两面无毛。圆锥花序长 20 ~ 35cm，多花密集。核果大，肾形，多少侧向压扁，长 5 ~ 10cm，宽 3 ~ 4.5cm，成熟后黄色。中果皮肉质，具纤维，多汁，鲜黄色，果核坚硬。

食用部位： 果实。

食用方法：（1）成熟时当水果食用。

（2）六七成熟时将果实去皮，将果肉切成片或丝，用盐、辣椒面等佐料凉拌或炒肉食用，也可煮鱼食用。

食疗作用： 开胃消食。

县域分布： 分布于海拔 1 200m 以下疏林、村寨四周或田边地角。野生或人工种植。

采集时间： 3—5 月。

资源特点： 有一定资源分布，是热带、亚热带地区常见绿化树种。

食用评述： 芒果含有“醛酸”成分，会对皮肤黏膜产生刺激而引发红肿、斑片、丘疹，严重者出现糜烂，伴有剧烈瘙痒，过敏者不宜食用。

参考资料： 西南林学院、云南省林业厅编著．云南树木图志（下）[M]. 昆明：云南科技出版社,1991.6.734-735.

木姜子

别　　名：山鸡椒、妈涨（傣）、希洒（彝）

原 植 物：樟科植物山鸡椒 *Litsea cubeba*

植物特征：落叶小乔木，高 3 ~ 8（10）m，幼树树皮黄绿色，光滑，老树树皮灰褐色。顶芽裸生，幼叶有白色细绢毛。幼枝纤细，绿色，嫩时略有细绢毛，随即脱落至无毛。叶互生，纸质，先端渐尖，基部楔形，上面绿色，下面灰绿色，被薄的白粉，羽状脉 。伞形花序多数聚生成短伞房状。果近球形，径 4 ~ 5mm，无毛，幼时绿色，成熟时黑色。

食用部位：果实。

食用方法：鲜果捣烂，用于煮鱼、煮火锅或炒黄焖鸡；鲜果去除果柄，洗净后，用酱油、卤腐汤凉拌。

食疗作用：祛风散寒、理气止痛、健脾开胃。

县域分布：生于海拔 1 700 ~ 1 900m 向阳灌丛或疏林中。

采集时间：6—8 月。

资源特点：分布广，数量多，但近年伐树采摘现象屡见不鲜。由于市场前景好，十多年前就有人工小规模种植。

食用评述：鲜香麻辣，口感独特，很多人从不会吃到喜欢吃，变着花样吃。多数人喜欢滴几滴木姜子油在火锅蘸水中，用来提高香味和鲜味。

参考资料：西南林学院、云南省林业厅编著．云南树木图志（上）[M]. 昆明：云南科技出版社,1988.11.297-298.

酸木瓜

别　　名：毛叶木瓜、妈凹（傣）、阿拍姐（彝）

原 植 物：蔷薇科植物毛叶木瓜 *Chaenomeles cathayensis*

植物特征：落叶小乔木，高达6m，枝条具短枝刺，小枝微弯曲，紫褐色，有稀疏浅褐色皮孔。冬芽三角状卵形。叶椭圆形、披针形至倒卵状披针形，长5 ~ 11cm，宽2 ~ 4cm。先端尖，基部楔形，边缘有芒状细尖锯齿。幼时上面无毛，下面密被褐色茸毛。花先叶开放，花瓣淡红色或白色，倒卵形或近圆形。果卵形或近圆柱形，顶端有凸起，长8 ~ 12cm，直径6 ~ 7cm，黄色有红晕，味芳香。

食用部位：果实。

食用方法：采摘成熟果实，切片晒干保存，用于泡酒，炖鸡、鸭、猪脚、毛驴脚食用，也可鲜果切片（丝）炒肉食用。

食疗作用：有解酒、祛痰、顺气、祛风湿、镇痛等功效。

县域分布：分布于海拔 1 700 ～ 2 600m 山坡、林缘，多见人工栽培。

采集时间：秋季。

资源特点：资源量小，需求量不大，有待进一步开发利用。

食用评述：民间祛风湿的良药，食用历史上千年，无毒副作用。

参考资料：西南林学院、云南省林业厅编著 . 云南树木图志（下）[M]. 昆明：云南科技出版社 ,1991.6.146.

酸汤果

别　　名：樱桃番茄、小番茄、麻喝忙点（傣）、九拉白徐（彝）

原 植 物：茄科植物樱桃番茄 *Lycopersicon esculentum*

植物特征：一年生或多年生草本，高 0.6 ～ 2m，全株被腺毛，有特殊气味。茎直立，易倒伏。叶为羽状复叶或羽状分裂，长10 ~ 40cm，叶大小不等。花序聚伞状，腋外生，总梗长 2 ~ 5cm，通常 3 ~ 7 花，下垂，梗长 1 ~ 1.5cm，花萼辐状，裂片 5 ~ 6 枚，条状披针形，果时宿存。浆果扁球形或球形，多汁，肉质，橘黄色或红色，光滑。

食用部位： 果实。

食用方法： 洗净后可当水果鲜食，也可炒鸡蛋、炒腌菜或是煮鸡蛋汤食用。

食疗作用： 生津止渴、健胃消食。

县域分布： 分布于海拔 1 700m 以下路边、田边地角。

采集时间： 夏、秋季节。

资源特点： 多以野生状态存在，有少量人工种植。

食用评述： 现在人工种植的番茄，吃不出儿时番茄的味道，樱桃番茄例外。

参考资料： 1. 中国科学院昆明植物研究所编著 . 云南植物志 (Vol.2)[M]. 北京 : 科学出版社 ,1991.5.600.

2. 云南省药物研究所编著 . 云南天然药物图鉴 (Vol.2)[M]. 昆明 : 云南科技出版社 ,2007.5.453.

移　依

别　　名：酸移衣、麻呱（傣）、撒播（彝）

原 植 物：蔷薇科植物云南移依 *Docynia delavayi*

植物特征：常绿乔木，高达10m。小枝红褐色，粗壮，圆柱形，幼时密被黄白色茸毛，后逐渐脱落。叶革质，披针形或卵状披针形，长6～8cm，宽2～3cm，先端急尖或渐尖，基部宽楔形或近圆形，全缘或稍有浅钝齿。花3～5，簇生于小枝顶端，花梗粗短，近于无毛。花瓣白色，宽卵形或长圆状倒卵形。果卵形或长圆形，直径2～3cm，黄色，幼果密被茸毛，成熟后脱落，萼片宿存。花期3—4月，果期5—10月。

食用部位：幼果（移衣芽）、成熟果实。

食用方法：幼果蘸盐、味精、辣椒面等混合佐料食用；成熟果实用盐水泡制后食用。

食疗作用：舒筋活血、和胃燥湿、疏肝止痛、解暑消毒。

县域分布：分布于海拔1 500～2 900m的山谷、灌丛中。

采集时间：5—10月。

资源特点：资源量大，产量高，是优良的观赏树种。成熟果实是柿的天然催熟剂。

食用评述：成熟果实民间用作柿果的催熟剂。近年来，有餐厅创造性地用成熟的果实切片煮鸡、煮鱼，开发新的菜品招揽食客。

参考资料：西南林学院、云南省林业厅编著．云南树木图志（下）[M]. 昆明：云南科技出版社,1991.6.144.

野苦瓜

别　　名：小苦瓜、妈空腾（傣）、阿波夸（彝）

原 植 物：葫芦科植物苦瓜 *Momordica charantia*

植物特征：一年生柔弱攀援草本。茎多分枝，具纵棱槽，无毛或被长柔毛。单叶互生，叶片膜质，轮廓卵状肾形或近圆形，长、宽为 3.5 ~ 12cm，5 ~ 7 深裂，裂片卵状长圆形，基部稍缢缩，边缘具粗齿或具不规则的小裂片，先端通常钝圆，稀急尖，基部心形，弯曲半圆形，叶面绿色，背面淡绿色，具掌状脉 5 ~ 7 条；卷须纤细，单一，不分枝，长达 20cm。花单性，雌雄同株，雄花单生于叶腋，花萼筒短，漏斗状，花冠黄色；雌花单性，花萼及花冠同雄花。果实纺锤形或圆柱形，长 5 ~ 10cm，多瘤皱，成熟后黄色，假种皮红色，种子多数。

食用部位： 果实。

食用方法： 果实洗净，去除假种皮后切片素炒、荤炒或凉拌。

食疗作用： 清热、解毒。

县域分布： 多分布于江西片哀牢山海拔 1 200 ~ 1 600m 疏林、林缘、路边及田边地角。

采集时间： 7—9 月。

资源特点： 由于生态环境破坏，加之除草剂过量使用，野生资源少见。有少量零星人工栽培，但产量低，价格高，可根据市场需求适当发展。

食用评述： 口感佳，深受消费者喜爱。但体质偏寒者不宜多食。

参考资料： 中国科学院昆明植物研究所编著 . 云南植物志 (Vol.6) [M]. 北京：科学出版社 ,1995.3.327.

树冬瓜

别　　名： 番木瓜、妈格老（傣）、希阿拍（彝）

原 植 物： 番木瓜科植物番木瓜 *Carica papaya*

植物特征： 软木质小乔木，高可达 8m，具乳汁；通常不分枝，有螺旋状排列的粗大叶痕。叶大，聚生于干顶；叶柄较长，常超过 60cm，中空，叶片近圆形，直径约 60cm，7 ~ 9 掌状深裂。花乳黄白色，单性，雌雄异株；雄花为下垂的圆锥花序，长可达 1m，花冠大部分合生成筒状；雌花单生或数朵集成伞房花序。浆果矩圆形，长可达 30cm，熟时橙黄色；果肉厚，黄红色，内壁着生多数的黑色种子。花果期为全年。

食用部位： 果实、嫩茎叶、雄花序。

食用方法： 成熟的果实可直接食用；八成熟的果实可凉拌做菜；六成熟的果实，削去外皮，挖去种子，切丝，放入清水中漂洗，去除乳汁，晾干水分后即可放盐及辣椒面腌制，半个月后开罐单独或炒肉食用。嫩茎叶可炒食或做汤。雄花序可炒食。

食疗作用： 消食健胃、舒筋通络。

县域分布： 多种植于海拔 1 500m 以下田边地角、房前屋后。

采集时间：全年。

资源特点：人工栽培，多作水果食用。

食用评述：腌制的冬瓜腌菜是傣族特色食品。青果的乳汁富含番木瓜酶，有消化蛋白质的功能。可治疗脾胃虚弱、食欲不振、乳汁缺少、关节疼痛、头晕、头痛、肢体麻木等病症。

参考资料：1. 西南林学院、云南省林业厅编著 . 云南树木图志（中）[M]. 昆明：云南科技出版社 ,1990.5.53.

2. 许又凯、刘宏茂编著 . 中国云南热带野生蔬菜 [M]. 北京：科学出版社 ,2002.6.90.

泡核桃

别　　名：核桃、麻改（傣）、撒蜜微（彝）

原 植 物：胡桃科植物泡核桃 *Juglans sigillata*

植物特征：乔木，树干较通直，高达 30m 以上，胸径达 80cm。幼枝和芽有黄棕色星状毛。奇数羽状复叶，长 20 ~ 35cm，总柄和叶轴有黄褐色短柔毛，小叶 7 ~ 13，顶生小叶较小，常退化，侧生小叶较大，椭圆状或卵状披针形，先端渐尖，全缘，侧脉两面凸起，长 4 ~ 15cm，宽 2 ~ 7cm。雄花序粗壮，长 10 ~ 18cm；雌花 1 ~ 3 集生枝顶。果序俯垂，通常 2 ~ 4 簇生；核果球形或椭圆形，果核具 2 纵裂，凹隙深刻纹状，深褐色。

食用部位：种仁、雄花序。

食用方法：（1）种仁：可炒食、生食、加工糕点、煮汤、煮粥或加工饮料。

（2）雄花序：采摘或捡拾树下刚落地不久的雄花序，沸水中焯过后，用清水浸泡，其间要经常换水，泡至没有苦涩味时，捞起挤干水分，用豆豉、韭菜炒食。

食疗作用：补脑、清心明目、定喘润肠、补肾固精、消疮肿、治铜毒。

县域分布：生于海拔 1 300 ~ 2 300m 农地、村旁、箐沟，多为人工栽培。

采集时间：雄花序 3—4 月；果 8—9 月。

资源特点：该物种在新平县主要有 3 个类型：铁核桃、泡核桃及夹绵核桃。资源量大，光是泡核桃种植面积就达 2.94 万 hm^2。

食用评述：核桃仁含有大量具有特殊结构的脂肪、蛋白质和碳水化合物，如磷脂、亚油酸甘油酯、赖氨酸、亚麻酸等，均为大脑组织及机体代谢所需的重要物质，对大脑神经有补养作用，常食不会升高胆固醇，还有减少肠道对胆固醇吸收的作用，是营养丰富的食品，常食有益健康、长寿。食用核桃雄花序，有清心明目、消食利尿、润肠通便的作用。

参考资料：1. 西南林学院、云南省林业厅编著 . 云南树木图志（下）[M]. 昆明：云南科技出版社 ,1991.6.771.

2. 张应华、郭晋主编 . 云南省野生蔬菜图鉴 [M]. 北京：中国农业出版社 ,2017.5.44.

树番茄

别　　名：木本番茄

原 植 物：茄科植物树番茄 *Cyphomandra betacea*

植物特征：小乔木或有时为灌木，高达 3m；枝粗壮，密被短柔毛。叶卵状心形，长 5 ~ 15cm，宽 5 ~ 10cm，先端短渐尖或急尖，基部稍偏斜作深弯曲，弯曲的 2 角常靠合而呈心形，全缘或微波状，叶面深绿，背面淡绿，被短毛。蝎尾或聚伞花序，2 ~ 3 歧分枝，近腋处或腋外生。花萼辐状，直径约 6mm，被短柔毛；花冠辐状，粉红色。果梗粗壮，长 3 ~ 5cm；果卵形多汁，长 5 ~ 7cm，表面光滑，橘黄色或带红色，种子多数。

食用部位：成熟浆果。

食用方法：可作水果食用，也可炒食或凉拌。

食疗作用：解毒、健脾益胃。

县域分布：目前仅见海拔 1 500m 以下零星庭院种植。

采集时间：全年。

资源特点：除高寒地区外均可种植，产量高，病虫害少。

食用评述：果味如番茄，酸香爽口，富含各种对人体有益的矿物质、维生素。

参考资料：1. 中国科学院昆明植物研究所编著 . 云南植物志 (Vol.2)[M]. 北京 : 科学出版社 ,1979.3.601-603.

2. 云南省药物研究所编著 . 云南天然药物图鉴 (Vol.5)[M]. 昆明 : 云南科技出版社 ,2012.12.297.

06

蕨类蔬菜

蕨　菜

别　　名： 发滚（傣）、夺别（彝）

原 植 物： 蕨科植物蕨 *Pteridium aquilinum*

植物特征： 植株高 80 ~ 100cm。根状茎长而横走，密被锈黄色柔毛，叶远生。叶柄长 40 ~ 60cm，基部暗棕色，有锈色毛，向上禾秆色，近光滑。叶片三角状卵形，三回羽状。侧生羽片 6 ~ 9 对，基部羽片的小羽片 10 ~ 13 对。末回小羽片 10 ~ 15 对，近基部羽状半裂或羽状浅裂，向上变全缘，顶端短渐尖或钝。叶脉分离，侧脉二叉或单一，表面不明显，背面隆起面明显。叶片近革质，上面光滑无毛，下面疏被柔毛或近无毛。孢子囊群线形，生于末回小羽片边缘，囊群盖两层，连续。

食用部位： 嫩叶。

食用方法：（1）加工干品：嫩茎叶采回后，用沸水焯过，然后晒干保存。食用时用水发开，浸泡 2 ~ 3 天，去掉涩味，可炒可煮。

（2）鲜食：嫩茎叶采回后，沸水焯过，用手撕成两半，冷水浸泡 2 ~ 3 天，去除涩味，即可用豆豉、韭菜炒食；也可凉拌；煮蚕豆米或是用傣家腌肉、番茄煮汤。

食疗作用： 清热滑肠、降气化痰、利尿安神。

县域分布： 生于海拔 500 ~ 2 200m 林缘空地及荒坡上。

采集时间： 3—5 月。

资源特点： 资源量大、分布广。

食用评述： 食用上千年，口感好，多数人都喜欢吃。蕨菜干炒干菜豆种子、腊肉是绝配，在玉溪杨武已演变为宴席上必不可少的菜肴。

参考资料：
1. 中国科学院昆明植物研究所编著 . 云南植物志 (Vol.21) [M]. 北京：科学出版社 ,2006.12.240.

2. 新平县民族医药研究学会、新平康茂医院编 . 新平县花腰傣人天然食品食疗保健功效 [M]. 昆明：云南民族出版社 ,2016.7.78.

毛蕨菜

别　　名： 毛蕨、发滚（傣）、夺别（彝）

原 植 物： 蕨科植物毛轴蕨 *Pteridium revolutum*

植物特征： 植株高 90 ~ 110cm。根状茎长而横走，密被锈棕色卷曲状毛。叶远生。叶柄长 60 ~ 100cm。基部暗棕色，有锈色毛，向上禾秆色，近光滑。叶片三角状卵形，三回羽状。侧生羽片 6 ~ 10

对，基部一对最大。基部羽片的小羽片 15 ~ 25 对，末回羽片披针形，边缘羽状半裂或羽状浅裂，向上变全缘，顶端短渐尖或钝。裂片牙齿状，顶端钝，边缘全缘。叶脉分裂，侧脉羽状，表面不明显，在背面隆起，但因密毛覆盖而明显。叶轴、羽轴禾秆色，密被柔毛。叶片近革质，上面被柔毛，下面密被卷曲的节状长毛，孢子囊群线形，连续生于末回小羽片边缘，囊群盖两层，外层假盖灰白色，内层真盖浅黄色。

食用部位：嫩叶。

食用方法：（1）加工干品：嫩茎叶采回后，用沸水焯过，然后晒干保存。食用时用水发开，浸泡 2 ~ 3 天，去掉涩味，可炒可煮。

（2）鲜食：嫩茎叶采回后，沸水焯过，用手撕成两半，冷水浸泡 2 ~ 3 天，去除涩味，即可用豆豉、韭菜炒食；也可凉拌；煮蚕豆米或是用傣家腌肉、番茄煮汤。

食疗作用：清热滑肠、降气化痰、利尿安神。

县域分布：海拔 1 300 ~ 2 600m 阳坡荒山及疏林下。

采集时间：3—5 月。

资源特点：资源量大、分布广。

食用评述：食用上千年，口感比蕨欠佳。

参考资料：中国科学院昆明植物研究所编著 . 云南植物志 (Vol.21) [M]. 北京：科学出版社 ,2006.12.240-241.

水蕨菜

别　　名：菜蕨、发滚农（傣）、余夺别（彝）

原 植 物：蹄盖蕨科植物菜蕨 *Callipteris esculenta*

植物特征：植株高达 1.5m。根状茎直立或斜升，有时树干状，密被鳞片；鳞片披针形，边缘有细齿。叶片三角形或长圆形，二回羽状或一回羽状；羽片有柄，宽披针形，一回羽状或羽裂；小羽片渐尖头，边缘有齿或浅裂，裂片有浅钝齿；叶纸质或坚草质，无毛或叶轴和羽轴背面有锈黄色茸毛；叶脉在裂片上为羽状，下部 2 ~ 3 对联结。孢子囊群条形，每小脉 1 条，伸达叶缘；囊群盖同形，膜质，全缘。

食用部位：嫩叶。

食用方法：洗净后，切成小段可炒豆豉、韭菜食用；也可沸水焯后凉拌或是煮傣家腌肉、番茄做汤。

食疗作用：清热滑肠、降气化痰、利尿安神。

县域分布：海拔 800m 以下湿地及河沟边。

采集时间：2—8 月。

资源特点：分布范围小，有人工种植。

食用评述：是典型的傣味菜，味甚鲜美，食用几百年，无毒副作用。

参考资料: 中国科学院植物研究所编著. 中国高等植物图鉴(Vol.1)[M]. 北京:科学出版社,1972.2.187.

大花蕨菜

别　　名: 发滚(傣)、夺别(彝)

原 植 物: 凤尾蕨科植物西南凤尾蕨 *Pteris wallichiana*

植物特征: 丛生,植株高 80 ~ 120cm。根状茎横卧或横走,直径 2 ~ 3cm,顶端疏被卵状披针形,浅棕色的鳞片;叶近生或远生,一型。叶柄通常 50 ~ 80cm,深禾秆色或棕色,粗糙。叶片五角状卵形,自基部三轴分叉,侧生两叉再次二分叉,因而叶片达三回羽状。孢子囊群着生于裂片的两侧边缘,膜质假群盖灰白色,全缘。

食用部位: 嫩叶。

食用方法: 洗净后切成小段炒豆豉、韭菜食用;沸水焯后凉拌或是做汤。

食疗作用：清热止痢、定惊、止血。

县域分布：海拔 1 800 ～ 2 500m 无林或疏林沟谷潮湿处。

采集时间：5—6 月。

资源特点：由于过度采摘，野生资源逐年减少。

食用评述：沸水焯后，晒半干煮蚕豆米或炒猪脚食用，味道更佳。

参考资料：中国科学院昆明植物研究所编著 . 云南植物志 (Vol.20) [M]. 北京 : 科学出版社 ,2006.12.255,258.

甜蕨菜

别　　名：卵果短肠蕨、发滚（傣）、夺别（彝）

原 植 物：蹄盖蕨科植物卵果短肠蕨 *Allantodia ovatum*

植物特征：常绿中型林下植物。根状茎横卧，直径约 1cm，棕色，先端密被鳞片，鳞片棕色，披针形，长约 1cm，膜质，全缘；叶片近生至簇生。能育叶长达 1.1m。叶柄长达 50cm，直径达 5mm，基部深棕色。叶片三角形，长达 40cm。囊盖群灰色，薄膜质，成熟时膨胀，由背部不规则破裂。孢子豆形，周壁不明显，表面有脊状纹饰。

食用部位： 嫩叶。

食用方法： 采回的嫩茎叶洗净后，切成小段炒豆豉、炒肉片或煮蚕豆米、腌酸骨头做汤食用，也可沸水焯后凉拌食用。

食疗作用： 清热滑肠、降气化痰、利尿安神。

县域分布： 主要生于江西片哀牢山区海拔 2 200 ~ 2 500m 原始森林林下阴湿的凹地。

采集时间： 4—8 月。

资源特点： 资源量大，每年都有外地客商前来收购。据收购商估计，建兴乡磨味村、冒合村每年产量在 30t 以上。

食用评述： 口味佳，为哀牢山特色野菜之一。

参考资料： 中国科学院昆明植物研究所编著 . 云南植物志 (Vol.20) [M]. 北京 : 科学出版社 ,2006.12,499.

细芽菜

别　　名：田字萍、沸颜（傣）、夷白娃（彝）

原 植 物：萍科植物蘋 *Marsilea quadrifolia*

植物特征：植株高 5 ~ 10cm，根状茎横走，分枝，顶端有淡棕色毛，茎节远离，向上发出一至数枚叶片。叶柄长 5 ~ 20cm，小叶 4 片，倒三角形，草质，无毛。叶柄基部生有单一或分叉的短柄，顶部着生孢子果。果矩圆状肾形，幼时有密毛，后变无毛。

食用部位：叶。

食用方法：洗净后用傣家腌肉、番茄或是用泥鳅或黄鳝煮汤。

食疗作用：清热解毒、利水消肿。

县域分布：全县海拔 1 800m 以下的水田、沼泽均有分布，海拔 1 500m 以下地区较多，生长茂盛。

采集时间：全年。

资源特点：由于种植业结构调整，水田面积减少，加之生态环境变化，湿地缩减，野生资源也不断萎缩。目前，有傣族群众利用水田种植。

食用评述： 典型的傣家菜，可用于乳腺炎、湿疹、烧烫伤等的辅助治疗。

参考资料： 许又凯、刘宏茂编著．中国云南热带野生蔬菜 [M]. 北京：科学出版社 ,2002.6.137.

07

地衣类蔬菜

树　花

别　　名： 麻美（傣）、希缺（彝）

原 植 物： 树花科植物硬枝树花 *Ramalina conduplicans*

植物特征： 地衣体枝状丛生，直立，高 3 ~ 8cm，以基部固着基物；分枝成扁枝状，重复二叉至不规则分枝，直径 0.5 ~ 2mm，分枝腋直径达 2 ~ 2.5mm，无背腹性，沿两侧常生有小刺状短分枝，并有白色点、线状假杯点；衣体表面光滑，灰黄绿色或污白色至枯草黄色，具明显脊状褶皱，无粉芽；髓层白色，中实；子囊盘侧生，盘面淡灰绿色至污白色，被粉霜，幼时平坦，成熟后凸出，呈半球形，直径 1 ~ 1.5mm；子囊内含 8 个孢子，孢子无色，2 室，椭圆形。

食用部位： 地衣体。

食用方法： 采回的树花除去树叶、树皮等杂质后，用水煮到充分柔软（煮不透就会有苦味），捞起再用子母灰浸出液（弱碱性）煮到变黄，即可捞起漂洗干净按需要加工食用。

（1）凉拌：常与芫荽、韭菜、洋葱、粉丝、鱼腥草等的一种或几种用糟辣椒（糟辣子）凉拌食用。

（2）腌制：漂洗干净的树花捏干水分，若水分过多，还要再晾一下，然后与萝卜丝、煮熟的猪肉腌制，按需取出蒸熟即可。

食疗作用： 消炎、抗菌。

县域分布： 多生于灌木枝、树干及枯枝上。

采集时间： 全年。

资源特点： 由于过度采摘，加之人类活动频繁，污染严重，野生资源逐年减少。

食用评述： 口感好，是名副其实的山珍，食用上百年，无毒副作用。凉拌树花已走进百姓餐桌，平时在请客吃饭、吃年猪饭时，多有食用。

参考资料： 王立松、钱子刚编著．中国药用地衣图鉴 [M]. 昆明：云南科技出版社,2012.12.110.

地　花

别　　名： 希缺（彝）

原 植 物： 石蕊科植物聚筛蕊 *Cladia aggregata*

植物特征： 地衣体早期消失。果柄灌木状稠密分枝，直立丛生，无杯体，分枝圆柱状，中空，高3～8cm，直径0.05～0.3cm；分枝表面鲜绿色、暗绿褐色至黄绿褐色，有光泽，干燥后变暗黄褐色，易碎，分枝及分枝腋间有众多圆形或椭圆形穿孔，直径0.5～2mm；子囊盘颗粒状，生于果柄顶端，黑色。

食用部位：地衣体。

食用方法：采回的树花除去泥沙、树叶等杂质后，用水煮到充分柔软（煮不透就会有苦味），捞起再用子母灰浸出液（弱碱性）煮到变成青绿色，即可捞起漂洗干净按需要加工食用。

（1）凉拌：常与芫荽、韭菜、洋葱、粉丝、鱼腥草等的一种或几种用糟辣椒（糟辣子）凉拌食用。

（2）腌制：漂洗干净的树花捏干水分，若水分过多，还要再晾一下，然后与萝卜丝、煮熟的猪肉腌制，食用时按需取出蒸熟即可。

食疗作用：消炎、抗菌。

县域分布：土生，往往与苔藓混生，偶见于树干基部，现多见于海拔1 800m以上人为活动较少地区。

采集时间：全年。

资源特点：由于过度采摘，加之人类活动频繁，污染严重，野生资源逐年减少。

食用评述：口感佳，但由于生长在地上，去除杂物相当费工费时，是名副其实的山珍。

参考资料：王立松、钱子刚编著.中国药用地衣图鉴[M].昆明：云南科技出版社,2012.12.22.

08

藻类蔬菜

青 苔

别　　名： 抖给（傣）、余能鲁（彝）

原 植 物： 刚毛藻科植物刚毛藻 *Cladophora* spp. 和双星藻科植物水绵 *Spirogyra* spp.

植物特征： 刚毛藻：一年生或多年生，藻体为多细胞分枝或不分枝丝状体。分枝为互生、对生型。可无性生殖或产生游孢子，有性生殖为同配接合。水绵：丝状体不分枝，由一列圆柱状细胞构成，每个细胞内有 1 ~ 16 条螺旋状弯曲的带状的叶绿体，其中有 1 列蛋白核，1 个细胞核。接合孢子多在雌配子囊内，成熟后多黄色或褐色。

食用部位： 全株。

食用方法： 新鲜青苔去除杂质，反复用清水漂洗后，加佐料做青苔汤或清蒸食用。也可制成薄片，晾晒成青苔饼，油炸食用或清水泡发后做汤、清蒸。油炸青苔片、糯米饭包青苔、青苔炖鸡蛋等均是不可错过的美食。

食疗作用： 味甘，性热。主治大小便虚冷、水泻，阴寒亦解，暖脐甚佳。煅之为末，可搽疗疮、黄水疮，痘症顶陷亦有效。

县域分布： 生于河流、小溪。

采集时间： 3—5 月。

资源特点： 近年由于水污染严重，资源减少较快。

食用评述： 新平傣族传统美食，近年由于资源量减少，很少食用。

参考资料： 闫丽春、罗艳、施济普主编 . 云南西双版纳特色野生蔬菜 [M]. 北京：商务印书馆 ,2002.9.79.

09

其他类蔬菜

苦荞粑粑树

别　　名： 老母鸡头树、妈冒（傣）、埃拍豉（彝）

原 植 物： 山矾科植物珠仔树 *Symplocos racemosa*

植物特征： 小乔木，高达 5m；嫩枝、芽、幼叶下面、叶柄均被柔毛，枝条红褐色。叶革质，卵形、长圆状卵形或长圆状椭圆形，长 7 ~ 10（12）cm，宽 3 ~ 4.5（6）cm，先端圆形、钝或急尖，基部圆形或宽楔形，全缘或具稀疏的短锯齿，两面无毛，上面中脉下凹，侧脉、网脉隆起，下面脉均隆起，叶柄长 4 ~ 10mm。腋生总状花序、苞片密被柔毛；花萼漏斗形，具缘毛；花瓣白色或浅黄色，长圆状卵形；核果长圆形。花期 10—12 月；果期 3—5 月。

食用部位： 枝干、树皮。

食用方法： 采回的带皮枝干（大的可劈成几瓣，利于有效成分析出）用水煮，待煮出的水变为深褐色时，即可将带皮枝干捞出。冷却后用纱布滤除杂质，滤出的水用来和苦荞面，做成的面团可用来煎粑粑、做烤饼，也可用来和苦荞面蒸荞糕。

食疗作用： 可用于月经不调、眼热症、肝炎、风湿痹痛、跌打损伤、外伤出血的辅助治疗。

县域分布： 生于海拔 500 ~ 1 900m 常绿阔叶林中或林缘、灌草丛，尤以江东片最多。

采集时间： 全年。

资源特点： 资源丰富，从可持续利用的角度，可修枝利用，不宜砍伐整株树木。

食用评述： 珠仔树枝干煮水和苦荞面做出来的粑粑、蒸糕、烤饼色泽更金黄，没有苦味，吃了不上火，让人回味无穷。云南名小吃新平杨武火烤饼就是用珠仔树枝干煮出来的水和苦荞面做出来的，色泽风味俱佳。

参考资料： 1. 西南林学院、云南省林业厅编著 . 云南树木图志（下）[M]. 昆明：云南科技出版社 ,1991.6.1040.

2. 云南省药物研究所编著 . 云南天然药物图鉴 (Vol.6）[M]. 昆明：云南科技出版社 ,2012.12.413.

粑粑叶

别　　名： 粽子叶、飞克洞（傣）

原 植 物： 竹芋科植物柊叶 *Phrynium rheedei*

植物特征： 直立草本，高约 1m；根状茎块状。叶基生，矩圆形或矩圆状披针形，长 30 ~ 50cm，宽 10 ~ 20cm，两面均无毛，叶柄长约 60cm。头状花序近球形，顶端钝而具尖头，紫色。蒴果矩圆形，栗色，有 2 ~ 3 纵圆棱，长 1 ~ 1.2cm，顶端有高约 2mm 宿存的花被筒，内有种子 2 ~ 3 颗。

食用部位： 叶片。

食用方法： 鲜叶洗净，作为包裹粽子或其他食物的材料。

食疗作用： 清热、利尿。

县域分布： 生于海拔 1 600m 以下山谷、密林下的湿地，河沟边。

采集时间： 全年。

资源特点： 食用量不大，现多为人工栽培，也可作为园林绿化植物观赏。

食用评述： 有数千年食用历史，食用安全可靠。

参考资料： 中国科学院植物研究所编著 . 中国高等植物图鉴 (Vol.5) [M]. 北京 : 科学出版社 ,1976.12.600.

花粽叶

别　　名： 粽粑叶、飞克洞蒿比（傣）、着它拉革（彝）

原 植 物： 百合科植物卵叶蜘蛛抱蛋 *Aspidistra typica*

植物特征： 多年生宿根草本。根茎粗壮，近圆柱形，伏地横走，有多数须根，具节和鳞片。叶 3 ~ 4 枚簇生；叶柄长 12 ~ 21cm，上面具槽；叶片宽，卵圆状披针形至卵形，长 18 ~ 32cm，具稀疏黄色斑点或无斑点，先端渐尖，基部圆形或近圆形，两侧近不等。花褐色或淡红色，单生，花茎短；花被钟状，直径 10 ~ 18mm，外面有紫色细点，内面深紫色；雄蕊 6 ~ 8，生于花被筒基部；子房短，花柱粗短，柱头阔大而呈盾状。浆果球形。花期 9—10 月。

利用部位： 叶片。

食用方法： 鲜叶洗净后，作为包裹粽子或其他食物的材料。

食疗作用： 清热解毒。

县域分布： 分布于海拔 1 600m 以下沟谷林下土层深厚阴湿处。

采集时间： 全年。

资源特点： 资源量不大，可作为观赏植物栽培。

食用评述： 有数千年食用历史，食用安全可靠。

参考资料： 1. 中国科学院昆明植物研究所编著 . 云南植物志 (Vol.7)[M]. 北京 : 科学出版社 ,1997.3.704.

2. 云南省药物研究所编著 . 云南天然药物图鉴 (Vol.7)[M]. 昆明 : 云南科技出版社 ,2012.12.237.

竜粑叶

别　　名： 粽子叶、飞克我（傣）、着它皮（彝）

原 植 物： 梧桐科植物苹婆 *Sterculia nobilis*

植物特征： 乔木，高可达15m，胸径达50cm。小枝幼时疏被星状柔毛，后逐渐脱落。叶薄革质，长圆形或椭圆形，长8～25cm，宽5～15cm，先端急尖，稀钝，基部圆或钝，两面无毛。圆锥花序腋生于小枝顶部，初时白色，后转淡红色。果具2～5蓇葖，厚革质，鲜红色，长圆状卵形，顶端有喙，每蓇葖具1～4种子。种子黑褐色，长圆形或椭圆形，径约1.5cm。花期3—4月，果期7—8月。

利用部位： 叶片。

食用方法： 鲜叶洗净，作为包裹粽子、竜粑或其他食物的材料。

食疗作用： 种子具有温胃、杀虫的作用。

县域分布： 生于海拔2 000m以下杂木林中或栽培于村旁。

采集时间： 全年。

资源特点： 资源量大，有人工栽培，也可作为园林绿化植物观赏。

食用评述： 用叶包裹加工的食材，食用起来清香甘甜，有种大自然的味道。种子煮熟后可食用，味似板栗。有数千年食用历史，食用安全可靠。

参考资料： 1. 西南林学院、云南省林业厅编著 . 云南树木图志（中）[M]. 昆明：云南科技出版社 ,1990.5.191.

2. 云南省药物研究所编著 . 云南天然药物图鉴 (Vol.4)[M]. 昆明：云南科技出版社 ,2012.12.241.

染饭花

别　　名： 黄饭花、妈口糯楞（傣）、着华尾（彝）

原 植 物： 马钱科植物密蒙花 *Buddleja officinalis*

植物特征： 灌木，高 1 ~ 3m；小枝略四棱形，密被灰白色茸毛。叶对生，矩圆状披针形至条状披针形，顶端渐尖，基部楔形，全缘或有小锯齿，上面被细星状毛，下面密被灰白色至黄色星状茸毛。聚伞圆锥花序顶生。花芳香，花冠淡紫色至白色，筒状。蒴果卵形，种子多数，具翅。

食用部位： 花序。

食用方法： 先将花序煮出金黄色的水，再用煮出的水浸泡糯米，其间不时搅拌，让糯米充分染色。12 小时后将染色好的糯米入甑蒸熟，即得一甑色泽金黄且具一股清香味的糯米饭，显得华贵喜庆。

食疗作用： 清肝明目，能治目赤、青盲、烂眼等。

县域分布： 分布于海拔 1 200 ~ 2 000m 山坡、荒地。

采集时间： 春末夏初。

资源特点： 资源量大，是一种有开发利用前景的天然色素植物，可鲜用或晾干备用。

食用评述： 民间除染糯米饭外，还用于治疗肝病。食用上千年，无毒副作用。

参考资料： 1. 中国科学院植物研究所编著 . 中国高等植物图鉴 (Vol.3)[M]. 北京 : 科学出版社 ,1974.5.375.

2. 新平县民族医药研究学会、新平康茂医院编 . 新平县花腰傣人天然食品食疗保健功效 [M]. 昆明 : 云南民族出版社 ,2016.7.22.

10

拉丁文索引

拉丁文索引